중·고교
연결수학

중학교 수학의 기초가 없어도 어려운 고등학교 수학을
쉽게 공부할 수 있는 유일한 수학 교재

공통수학 1 하

기말고사 대비

중고교 연결수학을 펴내면서

▌왜 수학 때문에 고민하십니까?

학생1 : 중학교 때 열심히 공부하지 않은 것을 많이 후회했는데 중고교 연결수학으로 공부하면서 중학교 수학의 기초부터 다져가며 공부할 수 있어 정말 너무 좋아요. 고등학교에 입학하기 전에 열심히 공부하여 원하는 대학에 꼭 합격할 거예요!

학생2 : 중학교 수학과는 달리 고등학교 수학은 어렵고 분량도 많아 미리 공부했지만 머릿속에 남아있는 것이 아무것도 없어 고민했는데 중고교 연결수학을 만나면서 수학이 재미있어졌어요! 이 책에는 여러 가지 특별한 장점이 많아요. 특히 일타강사의 명쾌하고 요약된 강의는 머릿속에 온전히 남아있어 문제를 풀 때 큰 도움이 되고 있어요. 이제부터 정말 열심히 공부하여 소위 말하는 SKY 대학에 진학할 거예요!

위와 같은 사례는 직접 학생들을 상담하면서 수학 때문에 고민하는 많은 학생들에게 들었던 내용입니다.

▌수학에 대한 고민 완전 해결

고등학교 수학은 학생들이 많이 어려워하고 나름대로 열심히 공부해 보지만 실제로 학교 내신성적이 잘 오르지 않아 고민하는 학생이 의외로 많습니다. 따라서 고차원수학에서는 이런 학생들의 고민을 해결하고자 최초로 중고교 과정을 연결하는 수학 교재를 개발하였습니다.
본 교재는 어느 출판사에서도 시도해 본 적이 없는 여러 가지 좋은 교육 노하우가 담겨있고 이미 현장 강의에서 큰 호응을 얻고 있으니 고등학교 수학을 공부하면서 어려움을 겪고 있는 학생들에게 큰 도움이 될 수 있다고 확신합니다. 이 책으로 공부한 학생들이 수학의 어려움을 딛고 일어나 수학에 자신감을 갖고 열심히 공부할 수 있기를 바랍니다.

고차원능률학습연구소

중고교 연결수학의 구성과 특징

고차원수학에서는 어려운 수학을 학생들이 쉽고 재미있게 공부할 수 있도록 연구 개발하여 다음과 같이 다른 교재와 차별화된 내용으로 편찬하였습니다.

1 최초로 중고교 연결과정 선수학습

이 책에서는 각 단원마다 중고교 연결과정을 선수학습 함으로써 중학교 수학의 기초가 없어도 고등학교 수학을 쉽게 공부할 수 있도록 하였습니다.

2 최초로 수학 일타강사의 현장 강의 수록

이 책에서는 수학 일타강사의 현장 강의 내용을 그대로 수록하여 복잡한 수학의 개념과 원리를 한눈에 알아보고 머릿속에 오래 기억될 수 있도록 하였습니다.

3 최초로 탐구학습을 통해 문제를 보는 방법과 푸는 방법 제시

이 책에서는 일타강사의 강의가 문제에 어떻게 적용되는가를 보여주고 탐구학습을 통해 문제를 보는 방법과 푸는 방법을 연마할 수 있도록 하였습니다.

4 최초로 각 단원마다 복습 확인 문제로 점검

이 책에서는 각 단원마다 복습 확인 문제 A, B 단계를 두어 앞에서 배운 내용을 복습하고 점검할 수 있도록 하였습니다.

5 최초로 각 단원 끝에 반복학습기록란 배치

이 책에서는 각 단원 끝에 반복학습기록란을 배치하여 학생 스스로 반복 학습한 횟수를 기록하고 선생님이 체크하므로써 반복 학습할 때마다 수학 실력이 향상되는 것을 직접 느낄 수 있도록 하였습니다.

고차원능률학습연구소

이 책의 학습방법

1 개념학습 방법

개념 은 대부분 복잡하고 긴 문장으로 이루어져 있기 때문에 잘 이해하려면 중요한 것에 밑줄을 그어 가면서 정독해야 한다.

2 강의학습 방법

강의 는 복잡한 개념을 간단하게 요약해 놓은 것으로 언제든지 머리 속에서 꺼내 활용할 수 있도록 이해하고 암기해 두어야 한다.

3 예시학습 방법

예시 는 요약된 강의 내용이 문제에 어떻게 적용되는지를 보여주는 것으로 반드시 강의를 활용하여 문제를 풀도록 해야 한다.

4 탐구학습 방법

탐구 는 어려운 문제를 한눈에 알아보고 쉽게 푸는 방법을 제시해 주는 것으로 탐구를 통해 문제를 볼 줄 아는 안목을 길러야 한다.

5 풀이학습 방법

풀이 는 가장 쉽고 간결하게 풀어놓았으니 풀이를 읽으면서 이해하거나 연습장에 쓰면서 따라 풀어보도록 한다.

6 유제학습 방법

1, 2단계로 구성하여 유제 1단계 문제는 예제와 비슷한 난이도로 출제하였고 유제 2단계는 난이도를 높여 한번 더 생각하며 풀 수 있도록 하였으니 학생 스스로 풀어보고 안 풀리는 문제는 선생님께 질문하여 해결하도록 한다.

어려운 수학 문제를 잘 풀 수 있는 방법은 잘 모르는 문제와 씨름하지 말고 자신이 잘 알고 있는 개념과 문제를 여러 번 반복 학습하는 것이다. 그렇게 하면 수학 실력이 향상되어 어려운 문제도 쉽게 풀 수 있는 능력이 생긴다는 것을 명심해야 한다.

이 책의 내용을 한 눈에

IV 여러 가지 방정식

P A R T

01

삼차 · 사차방정식

명언

가르치는 것은 두 번 배우는 것이다.

- 주베르 -

1 인수정리를 이용한 인수분해

→ $\pm\dfrac{\text{상수항의 약수}}{\text{최고차항의 계수의 약수}}$ 중 $f(\alpha)=0$이 되게 하는 α를 찾아 조립제법을 이용하여 인수분해한다.

강의 인수정리를 이용한 인수분해는 $\pm$ 상수항의 약수를 대입해본다!

→ $f(\alpha)=0$인 α 조사

→ 조립제법 이용 인수분해

기|본|예|제 01

x^4-2x^3-x+2를 인수분해하시오.

탐구 $f(\alpha)=0$인 α를 찾아 조립제법을 이용하여 인수분해한다.

풀이 $f(x)=x^4-2x^3-x+2$라 하고 $f(\alpha)=0$인 α를 찾으면

$$f(1)=0,\ f(2)=0$$

조립제법을 이용하여 $f(x)$를 인수분해하면

1	1	-2	0	-1	2
		1	-1	-1	-2
2	1	-1	-1	-2	0
		2	2	2	
	1	1	1	0	

$$\therefore\ (x-1)(x-2)(x^2+x+1)$$

정답 $(x-1)(x-2)(x^2+x+1)$

유제 01-1 x^3+5x^2+7x+2를 인수분해하시오.

유제 01-2 $x^4-x^3-2x^2+x+1$을 인수분해하시오.

2 동일부분이 있는 경우의 인수분해

→ 동일부분을 X로 치환하여 전개한 후 인수분해한다.

강의 **동일부분이 있는 경우의 인수분해는 치환하여 인수분해한다!**

→ 동일부분 → 치환 → 전개 → 인수분해 → 환원

주의 환원한 후 ( ) 안의 식이 더 이상 인수분해되지 않을 때까지 인수분해해야 한다.

기|본|예|제 02

$(x^2-2x)(x^2-2x-1)-6$을 인수분해하시오.

탐구 동일부분 $x^2-2x=X$로 치환하고 전개한 후 인수분해한다.

풀이 $x^2-2x=X$로 치환하고 전개한 후 인수분해하면

$$(준식)=X(X-1)-6$$
$$=X^2-X-6$$
$$=(X-3)(X+2)$$

$X=x^2-2x$로 환원하면

$$(x^2-2x-3)(x^2-2x+2)=(x-3)(x+1)(x^2-2x+2)$$

정답 $(x-3)(x+1)(x^2-2x+2)$

유제 02-1 $(x-1)(x+1)(x-2)(x-4)-7$을 인수분해하시오.

유제 02-2 $(x^2-x)^2-3x^2+3x-18$을 인수분해하시오.

3 복이차식의 인수분해

→ $x^2 = X$로 놓고 인수분해한다.

→ 인수분해되지 않을 때는 $(\quad)^2 - (\quad)^2$ 꼴로 변형한다.

강의 복이차식의 인수분해는 직관 또는 $(머리 \pm 꼬리)^2 - (\quad)^2$을 이용한다!

① $x^2 = X$로 치환

② $(\quad)^2 - (\quad)^2$으로 변형

기|본|예|제 03

다음을 인수분해하시오.

(1) $x^4 - 2x^2 - 8$ (2) $x^4 - 8x^2 + 4$

탐구 ① $x^2 = X$로 치환하여 인수분해한다.

② 치환하여 인수분해되지 않으므로 $(\quad)^2 - (\quad)^2$으로 변형한다.

풀이 (1) $x^2 = X$로 치환하면

$$(준식) = X^2 - 2X - 8 = (X-4)(X+2)$$

$X = x^2$으로 환원하면

$$(준식) = (x^2 - 4)(x^2 + 2) = (x+2)(x-2)(x^2 + 2)$$

(2) $x^2 = X$로 치환하면 인수분해가 되지 않으므로 $(\quad)^2 - (\quad)^2$으로 변형하면

$$(준식) = (x^4 - 4x^2 + 4) - 4x^2 = (x^2 - 2)^2 - (2x)^2$$
$$= (x^2 + 2x - 2)(x^2 - 2x - 2)$$

정답 (1) $(x+2)(x-2)(x^2 + 2)$ (2) $(x^2 + 2x - 2)(x^2 - 2x - 2)$

유제 03-1 $x^4 - 5x^2 - 6$을 인수분해하시오.

유제 03-2 $x^4 - 11x^2 + 1$을 인수분해하시오.

01 삼차 · 사차방정식의 해법

1 고차방정식의 기본 해법

→ 삼차 이상의 방정식을 **고차방정식**이라 하며, 고차방정식의 기본해법은 앞에서 배운 방법을 총동원하여 인수분해하여 푸는 것이다.

[1] 인수정리를 이용하는 경우

→ 방정식 $f(x)=0$에서 $f(\alpha)=0$인 α를 구한 후 조립제법을 이용한다.

[2] 동일부분이 있는 경우

→ 동일부분을 치환하여 인수분해한 후 환원한다.

[3] 복이차방정식($x^4+ax^2+b=0$)의 경우

(1) $x^2=X$로 치환하여 인수분해한 후 환원한다.

(2) 치환하여 인수분해가 되지 않을 경우 A^2-B^2의 꼴로 변형하여 인수분해한다.

> **체크** 고차식을 인수분해할 때에는 공식, 치환, 인수정리, 조립제법, 미정계수법 등을 이용한다.

강의 곱셈공식을 이용한 고차방정식의 해법은 공식을 잘 기억해두세요!

→ 삼차 · 사차방정식은 우선 곱셈공식을 이용하여 인수분해해 본다.

① $a^3+b^3=(a+b)(a^2-ab+b^2)$

② $a^3-b^3=(a-b)(a^2+ab+b^2)$

③ $a^4-b^4=(a^2+b^2)(a^2-b^2)$

④ $a^4+a^2b^2+b^4=(a^2+ab+b^2)(a^2-ab+b^2)$

> **주의** ① $a^2-b^2=(a+b)(a-b)$
>
> ② $a^2+b^2=(a+bi)(a-bi)$

> **주의** 한 번 인수분해한 후 ( ) 안의 식이 인수분해가 되는 경우에는 반드시 인수분해를 해야 한다.
>
> **보기**
> $$\begin{cases} a^4-b^4=(a^2+b^2)(a^2-b^2) \quad (\times) \\ a^4-b^4=(a^2+b^2)(a^2-b^2)=(a^2+b^2)(a+b)(a-b) \quad (\bigcirc) \end{cases}$$
> $$\begin{cases} a^6-b^6=(a^3+b^3)(a^3-b^3) \quad (\times) \\ a^6-b^6=(a^3+b^3)(a^3-b^3) \\ \qquad =(a+b)(a^2-ab+b^2)(a-b)(a^2+ab+b^2) \quad (\bigcirc) \end{cases}$$

다음 방정식을 푸시오.

(1) $x^3 + 1 = 0$ (2) $x^4 = 16$

탐구   ① $a^3 + b^3 = (a+b)(a^2 - ab + b^2)$

② $a^2 - b^2 = (a+b)(a-b)$

③ $a^2 + b^2 = (a+bi)(a-bi)$

풀이   인수분해공식을 이용하여 방정식을 풀면

(1) $x^3 + 1 = 0$

$(x+1)(x^2 - x + 1) = 0$

$\therefore x = -1$ 또는 $x = \dfrac{1 \pm \sqrt{3}\,i}{2}$

(2) $x^4 - 16 = 0$

$(x^2 + 4)(x^2 - 4) = 0$

$(x+2i)(x-2i)(x+2)(x-2) = 0$

$\therefore x = \pm 2i$ 또는 $x = \pm 2$

정답   (1) $x = -1,\ x = \dfrac{1 \pm \sqrt{3}\,i}{2}$ (2) $x = \pm 2i,\ x = \pm 2$

유제 01-1   다음 방정식을 푸시오.

(1) $x^3 = 8$ (2) $2x^4 - 162 = 0$

유제 01-2   다음 방정식을 푸시오.

(1) $2x^3 - 54 = 0$ (2) $x^4 = 64$

강의 **인수정리를 이용한 고차방정식의 해법은 ± 상수항의 약수를 대입해 본다!**

→ ±상수항의 약수 중에서 가장 간단한 것부터 차례로 대입하여

(준식)=0이 되는 x값을 찾아 본다.

$f(\alpha) = 0 \rightarrow$ 인수분해 $f(x) = (x-\alpha)(\text{몫})$

주의 몫은 조립제법을 이용하여 구한다.

다음 방정식을 푸시오.

(1) $x^3 + 4x^2 - x - 4 = 0$
(2) $x^4 + x^3 - x^2 - 7x - 6 = 0$

탐구 $\pm$(상수항의 약수) 중 가장 간단한 것부터 대입하여 식이 0이 되게 하는 x의 값을 구한 후 조립제법을 이용하여 인수분해한다.

풀이 (1) $f(x) = x^3 + 4x^2 - x - 4$라 하고 $f(\alpha) = 0$인 α를 찾으면

$x = \pm 1, \ \pm 2, \ \pm 4$ 중 $f(1) = 0$이다.

조립제법을 이용하여 $f(x)$를 인수분해하면

1	1	4	-1	-4
		1	5	4
	1	5	4	0

$$\therefore \ (x-1)(x^2 + 5x + 4) = 0$$

$(x-1)(x+1)(x+4) = 0$

$x = 1$ 또는 $x = -1$ 또는 $x = -4$

(2) $f(x) = x^4 + x^3 - x^2 - 7x - 6$이라 하고 $f(\alpha) = 0$인 α를 찾으면

$x = \pm 1, \ \pm 2, \ \pm 3, \ \pm 6$ 중 $f(-1) = 0$, $f(2) = 0$이다.

조립제법을 이용하여 $f(x)$를 인수분해하면

-1	1	1	-1	-7	-6
		-1	0	1	6
2	1	0	-1	-6	0
		2	4	6	
	1	2	3	0	

$$\therefore \ (x+1)(x-2)(x^2 + 2x + 3) = 0$$

$$\therefore \ x = -1 \ 또는 \ x = 2 \ 또는 \ x = -1 \pm \sqrt{2}\,i$$

정답 (1) $x = 1$ 또는 $x = -1$ 또는 $x = -4$

(2) $x = -1$ 또는 $x = 2$ 또는 $x = -1 \pm \sqrt{2}\,i$

유제 **02-1** 다음 방정식을 푸시오.

(1) $x^3 - 6x^2 + 11x - 6 = 0$
(2) $x^4 + 2x^3 - 7x^2 - 8x + 12 = 0$

유제 **02-2** 다음 방정식을 푸시오.

(1) $x^3 - 2x^2 - 9 = 0$
(2) $x^4 + 2x^3 - 2x^2 - 2x + 1 = 0$

동일부분이 있는 고차방정식의 해법은 치환을 이용한다!

→ 동일부분을 X로 치환하여 X를 구한 후 환원하여 x를 구한다.

→ 동일부분 $ax^2 + bx = X$ (치환) → 환원 ; 이차방정식 → $x = \alpha, \beta$ (근)

기|본|예|제 **03**

다음 방정식을 푸시오.

(1) $(x^2 + x)^2 - 8(x^2 + x) + 12 = 0$ (2) $(x+1)(x+2)(x+3)(x+4) = 24$

탐구   동일부분을 X로 치환하여 인수분해한 후 환원하여 x를 구한다.

풀이   (1) $x^2 + x = X$로 치환하여 인수분해하면

$$X^2 - 8X + 12 = 0 \quad (X-2)(X-6) = 0 \qquad \therefore X = 2, \ X = 6$$

ⅰ) $X = 2$일 때, $x^2 + x = 2 \quad x^2 + x - 2 = 0 \quad (x+2)(x-1) = 0$

$$\therefore x = -2, \ x = 1$$

ⅱ) $X = 6$일 때, $x^2 + x = 6 \quad x^2 + x - 6 = 0 \quad (x+3)(x-2) = 0$

$$\therefore x = -3, \ x = 2$$

(2) 치환할 것을 고려하여 짝을 맞추어 전개하면

$$\{(x+1)(x+4)\}\{(x+2)(x+3)\} - 24 = 0$$

$$(x^2 + 5x + 4)(x^2 + 5x + 6) - 24 = 0$$

$x^2 + 5x = X$로 치환하여 인수분해하면

$$(X+4)(X+6) - 24 = 0 \quad X^2 + 10X = 0 \quad X(X+10) = 0$$

$$\therefore X = 0, \ X = -10$$

ⅰ) $X = 0$일 때, $x^2 + 5x = 0 \quad x(x+5) = 0 \qquad \therefore x = 0, \ x = -5$

ⅱ) $X = -10$일 때, $x^2 + 5x = -10 \quad x^2 + 5x + 10 = 0 \qquad \therefore x = \dfrac{-5 \pm \sqrt{15}\,i}{2}$

정답   (1) $x = 1, \ x = -3, \ x = \pm 2$ (2) $x = 0, \ x = -5, \ x = \dfrac{-5 \pm \sqrt{15}\,i}{2}$

유제 **03-1**   다음 방정식을 푸시오.

(1) $(x^2 - 2x)^2 - 11(x^2 - 2x) + 24 = 0$

(2) $(x-1)(x+2)(x-3)(x+4) = -24$

유제 **03-2**   다음 방정식을 푸시오.

(1) $(x^2 + 2x)^2 - 2(x^2 + 2x) - 3 = 0$

(2) $(x+1)(x+3)(x-5)(x-7) + 15 = 0$

복이차식꼴의 고차방정식의 해법은 직관 또는 $(머리\pm꼬리)^2-(\quad)^2$을 이용한다!

직관에 의해 인수분해하거나 A^2-B^2 꼴로 변형하여 인수분해한다.

→ 복이차식 $= (머리\pm꼬리)^2-(\quad)^2$의 꼴로 변형 → $A^2-B^2=(A+B)(A-B)$

기|본|예|제 04

다음 방정식을 푸시오.

(1) $x^4-2x^2-3=0$　　　　　　　(2) $x^4-23x^2+1=0$

탐구　① $x^2=t$로 놓고 인수분해한다.

② 치환하여 인수분해되지 않으면 $A^2-B^2=0$의 꼴로 변형한다.

풀이　(1) $x^2=t$로 치환하여 인수분해하면

$$t^2-2t-3=0$$
$$(t-3)(t+1)=0 \qquad \therefore t=3 \text{ 또는 } t=-1$$

$t=x^2$이므로

$$x^2=3 \text{ 또는 } x^2=-1$$
$$\therefore x=\pm\sqrt{3} \text{ 또는 } x=\pm i$$

(2) 치환하여 인수분해가 되지 않으므로 식을 변형하면

$$(x^4+2x^2+1)-25x^2=0$$
$$(x^2+1)^2-(5x)^2=0$$
$$(x^2+5x+1)(x^2-5x+1)=0$$
$$\therefore x=\frac{-5\pm\sqrt{21}}{2} \text{ 또는 } x=\frac{5\pm\sqrt{21}}{2}$$

정답　(1) $x=\pm\sqrt{3}$ 또는 $x=\pm i$　　(2) $x=\dfrac{-5\pm\sqrt{21}}{2}$ 또는 $x=\dfrac{5\pm\sqrt{21}}{2}$

유제 04-1　다음 방정식을 푸시오.

(1) $x^4-3x^2+2=0$　　　　　　　(2) $x^4+4=0$

유제 04-2　다음 방정식을 푸시오.

(1) $x^4+64=0$　　　　　　　(2) $x^4-13x^2+4=0$

2 상반방정식의 해법

→ 각 항의 계수가 중앙항을 기준으로 좌우 대칭인 방정식을 **상반방정식** 또는 **역수방정식**이라 한다.

[1] 짝수차 상반방정식인 경우

첫째, 양변을 x^2으로 나눈다.

둘째, $x+\dfrac{1}{x}=t$로 치환하여 방정식을 만들어 푼다.

[2] 홀수차 상반방정식인 경우

첫째, $(x+1)($짝수차 상반방정식$)=0$꼴로 변형한다.

둘째, 양변을 x^2으로 나눈다.

셋째, $x+\dfrac{1}{x}=t$로 치환하여 방정식을 만들어 푼다.

강의 상반방정식(역수방정식)은 계수가 좌우 대칭인 방정식이다!

유형 ① 짝수차(2단계)

첫째 → 양변을 x^2으로 나눈다.

둘째 → $x+\dfrac{1}{x}=t$ (치환 → 환원)

유형 ② 홀수차(3단계)

첫째 → $(x+1)($짝수차$)=0$

둘째 → 양변을 x^2으로 나눈다.

셋째 → $x+\dfrac{1}{x}=t$ (치환 → 환원)

주의 상반방정식 중에는 인수정리 가능 경우도 있다.

보기 홀수차 상반방정식의 풀이

$$3x^5-2x^4-x^3-x^2-2x+3=0 \qquad \cdots ①$$

①에 $x=-1$을 대입하면 등식이 성립하므로 좌변은 $x+1$을 인수로 가진다.

$$(x+1)(3x^4-5x^3+4x^2-5x+3)=0$$

$$x=-1 \text{ 또는 } 3x^4-5x^3+4x^2-5x+3=0$$

짝수차 상반방정식을 풀고 해를 구한다.

방정식 $x^4+2x^3-13x^2+2x+1=0$을 푸시오.

탐구 짝수차 상반방정식 → x^2으로 각 항을 나눈 후 $x+\dfrac{1}{x}=t$로 치환하여 푼다.

풀이 준식의 양변을 x^2으로 나누고 정리하면

$$x^2+2x-13+\dfrac{2}{x}+\dfrac{1}{x^2}=0$$

$$x^2+\dfrac{1}{x^2}+2\left(x+\dfrac{1}{x}\right)-13=0$$

$$\left(x+\dfrac{1}{x}\right)^2-2+2\left(x+\dfrac{1}{x}\right)-13=0$$

$$\left(x+\dfrac{1}{x}\right)^2+2\left(x+\dfrac{1}{x}\right)-15=0$$

$x+\dfrac{1}{x}=t$로 치환하고 인수분해하면

$$t^2+2t-15=0 \quad (t+5)(t-3)=0 \quad \therefore t=-5, \ t=3$$

$t=x+\dfrac{1}{x}$로 환원하면

ⅰ) $x+\dfrac{1}{x}=-5$에서 $x^2+5x+1=0$ $\quad \therefore x=\dfrac{-5\pm\sqrt{21}}{2}$

ⅱ) $x+\dfrac{1}{x}=3$에서 $x^2-3x+1=0$ $\qquad \therefore x=\dfrac{3\pm\sqrt{5}}{2}$

$$\therefore x=\dfrac{-5\pm\sqrt{21}}{2} \ \text{또는} \ x=\dfrac{3\pm\sqrt{5}}{2}$$

정답 $x=\dfrac{-5\pm\sqrt{21}}{2} \ \text{또는} \ x=\dfrac{3\pm\sqrt{5}}{2}$

유제 05-1 다음 방정식을 푸시오.

$$x^4+3x^3-2x^2+3x+1=0$$

유제 05-2 다음 방정식을 푸시오.

$$x^4+7x^3+14x^2+7x+1=0$$

3 근 또는 근의 조건이 주어진 고차방정식

[1] 근이 주어진 삼차·사차방정식

→ 근이 주어지면 식에 대입하여 미지수를 구한다.

[2] 근의 조건이 주어진 삼차방정식

→ 인수정리를 이용하여 (일차식)×(이차식)＝0의 꼴로 인수분해한 후 주어진 조건에 맞게 이차식의 판별식을 이용한다.

강의 **근이 주어진 삼차·사차방정식은 근을 방정식에 대입한다!**

첫째, 주어진 근을 식에 대입 → 미정계수를 구한다.

둘째, 인수정리 이용 인수분해 → 나머지 근을 구한다.

기|본|예|제 06

삼차방정식 $x^3 + 2ax - 1 = 0$의 한 근이 -1일 때, 나머지 두 근의 합을 구하시오.

탐구 한 근 α가 주어지면 식에 대입하여 미지수를 구한다.

풀이 삼차방정식의 한 근이 -1이므로 식에 대입하여 a를 구하면

$$-1 - 2a - 1 = 0 \qquad \therefore a = -1$$

따라서 주어진 방정식은 $x^3 - 2x - 1 = 0$이다.

$f(x) = x^3 - 2x - 1$이라 하면 $f(-1) = 0$이므로

$$
\begin{array}{r|rrr|r}
-1 & 1 & 0 & -2 & -1 \\
   &   & -1 & 1 & 1 \\
\hline
   & 1 & -1 & -1 & 0 \\
\end{array}
$$

$$\therefore (x+1)(x^2 - x - 1) = 0$$

따라서 주어진 한 근 -1 이외의 나머지 두 근은 $x^2 - x - 1 = 0$의 두 근이므로 근과 계수의 관계에 의해 나머지 두 근의 합은 1이다.

정답 1

유제 06-1 삼차방정식 $x^3 - 2ax^2 + (3b+2)x - 2b = 0$의 두 근이 2, 3일 때, 나머지 한 근을 구하시오.

유제 06-2 사차방정식 $x^4 + ax^3 - 2x^2 + 3bx - 4 = 0$의 두 근이 -1, 2일 때, 나머지 두 근의 합을 구하시오.

기 | 본 | 예 | 제 **07**

삼차방정식 $x^3-(2k+1)x^2+(3k+1)x-k-1=0$이 중근을 갖도록 하는 모든 실수 k의 값의 합을 구하시오.

탐구 인수정리를 이용하여 인수분해한 후 조건에 맞게 판별식을 이용한다.

풀이 $f(x)=x^3-(2k+1)x^2+(3k+1)x-k-1$이라 하면

$$f(1)=1-(2k+1)+3k+1-k-1=0$$

따라서 조립제법을 이용하여 $f(x)$를 인수분해하면

$$
\begin{array}{r|rrrr}
1 & 1 & -2k-1 & 3k+1 & -k-1 \\
  &   & 1 & -2k & k+1 \\
\hline
  & 1 & -2k & k+1 & 0
\end{array}
$$

$$\therefore f(x)=(x-1)(x^2-2kx+k+1)$$

$f(x)=0$이 중근을 가지려면 $x^2-2kx+k+1=0$이 중근을 가지거나 $x=1$을 근으로 가져야 한다.

ⅰ) 중근을 갖는 경우

$$D/4=k^2-k-1=0 \qquad \therefore \text{(실수 } k\text{의 값의 합)}=1$$

ⅱ) $x=1$을 근으로 갖는 경우

$$1-2k+k+1=0 \qquad \therefore k=2$$

ⅰ), ⅱ)에 의해 모든 실수 k의 값의 합을 구하면

$$1+2=3$$

정답 3

유제 07-1 삼차방정식 $x^3-2x^2+kx+k+3=0$의 근이 모두 실근이 되도록 하는 실수 k의 최댓값을 구하시오.

유제 07-2 삼차방정식 $x^3-kx^2+(2k+1)x-10=0$이 허근을 가질 실수 k의 값의 범위를 구하시오.

고차방정식의 활용

첫째, 주어진 설명에 맞춰 미지수 x를 설정하고 방정식을 세우고 해를 구한다.
둘째, 구한 해 중 조건에 맞는 해를 선택한다.

강의 **고차방정식의 응용문제는 미지수를 정하여 방정식을 세운다!**

첫째, 주어진 조건에 맞게 미지수 x를 설정한다.

둘째, 설정된 미지수 x를 사용하여 방정식을 세운다.

셋째, 방정식을 풀어 미지수 x를 구한다.

넷째, 구한 해 x 중 조건에 맞는 x를 선택한다.

기 | 본 | 예 | 제 08

어떤 정육면체의 가로의 길이는 $2\,cm$, 세로의 길이는 $1\,cm$를 줄이고 높이는 $1\,cm$를 늘렸더니 부피가 $72\,cm^3$인 직육면체가 되었다면 처음 정육면체의 한 모서리의 길이를 구하시오.

탐구 정육면체의 한 모서리의 길이를 x로 놓고 식을 세운다.

풀이 처음 정육면체의 한 모서리의 길이를 x로 놓고 직육면체의 부피를 구하는 식을 세우면

$$(x-2)(x-1)(x+1) = 72$$

$$x^3 - 2x^2 - x - 70 = 0$$

$f(x) = x^3 - 2x^2 - x - 70$이라 놓으면 $f(5) = 0$이므로 조립제법을 이용하여 인수분해하면

$$
\begin{array}{r|rrrr}
5 & 1 & -2 & -1 & -70 \\
  &   & 5 & 15 & 70 \\
\hline
  & 1 & 3 & 14 & 0 \\
\end{array}
$$

$$\therefore \ (x-5)(x^2+3x+14) = 0$$

$x^2 + 3x + 14 = 0$의 판별식을 구하면

$$D = 9 - 56 = -47 < 0$$

따라서 $x^2 + 3x + 14 = 0$은 실근이 존재하지 않는다.

$$\therefore \ x = 5$$

따라서 처음 정육면체의 한 모서리의 길이는 $5\,cm$이다.

정답 $5\,cm$

유제 08-1 오른쪽 그림과 같이 한 변의 길이가 15 cm인 정사각형의 네 귀퉁이에서 한 변의 길이가 x cm인 정사각형을 잘라내고 점선을 따라 접으면 직육면체 모양의 그릇이 된다. 이 그릇의 부피가 243 cm³가 되게 하는 자연수 x의 값을 구하시오.

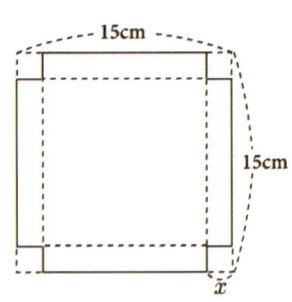

유제 08-2 오른쪽 그림과 같이 한 모서리의 길이가 x cm인 정육면체에서 밑면의 가로, 세로의 길이가 모두 $(x-2)$ cm이고, 높이가 1 cm인 직육면체 모양을 잘라냈더니 남은 부분의 부피가 60 cm³가 되었다. 이때 x의 값을 구하시오.

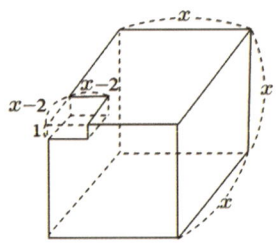

유제 08-3 오른쪽 그림과 같이 밑면의 지름의 길이와 높이가 같은 원기둥 모양의 그릇에 담긴 물의 높이가 그릇의 높이보다 3 cm 낮을 때의 물의 부피가 175π cm³일 때, 그릇의 밑면의 반지름의 길이를 구하시오.

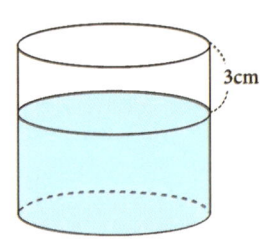

02 삼차방정식의 근과 계수

1 삼차방정식의 근과 계수의 관계

→ $ax^3 + bx^2 + cx + d = 0$ $(a \neq 0)$의 세 근을 α, β, γ라 하면

(1) $\alpha + \beta + \gamma = -\dfrac{b}{a}$

(2) $\alpha\beta + \beta\gamma + \gamma\alpha = \dfrac{c}{a}$

(3) $\alpha\beta\gamma = -\dfrac{d}{a}$

강의 **삼차방정식의 근과 계수의 관계는 세 근이 주어질 때 사용한다! (100%)**

→ $ax^3 + bx^2 + cx + d = 0$ → 3근(100%) → ①②③ 이용

① $\alpha + \beta + \gamma = -\dfrac{b}{a}$　　　② $\alpha\beta + \beta\gamma + \gamma\alpha = \dfrac{c}{a}$　　　③ $\alpha\beta\gamma = -\dfrac{d}{a}$

주의 세 근이 주어지면 100% 근과 계수의 관계를 이용하여 문제를 푼다!

기|본|예|제 09

삼차방정식 $x^3 + 2x^2 - 3x - 5 = 0$의 세 근을 α, β, γ라 할 때, 다음 식의 값을 구하시오.

(1) $\alpha^2 + \beta^2 + \gamma^2$　　　　　(2) $\dfrac{1}{\alpha} + \dfrac{1}{\beta} + \dfrac{1}{\gamma}$　　　　　(3) $\alpha^3 + \beta^3 + \gamma^3$

탐구 세 근 α, β, γ → $\alpha + \beta + \gamma = -\dfrac{b}{a}$, $\alpha\beta + \beta\gamma + \gamma\alpha = \dfrac{c}{a}$, $\alpha\beta\gamma = -\dfrac{d}{a}$ 이용 (100%)

풀이 근과 계수의 관계에 의해

$\quad \alpha + \beta + \gamma = -2$, $\alpha\beta + \beta\gamma + \gamma\alpha = -3$, $\alpha\beta\gamma = 5$

(1) $\alpha^2 + \beta^2 + \gamma^2 = (\alpha + \beta + \gamma)^2 - 2(\alpha\beta + \beta\gamma + \gamma\alpha) = 10$

(2) $\dfrac{1}{\alpha} + \dfrac{1}{\beta} + \dfrac{1}{\gamma} = \dfrac{\alpha\beta + \beta\gamma + \gamma\alpha}{\alpha\beta\gamma} = -\dfrac{3}{5}$

(3) $\alpha^3 + \beta^3 + \gamma^3 = (\alpha + \beta + \gamma)(\alpha^2 + \beta^2 + \gamma^2 - \alpha\beta - \beta\gamma - \gamma\alpha) + 3\alpha\beta\gamma$

$\qquad = (-2) \times \{10 - (-3)\} + 3 \times 5 = -11$

정답 (1) 10　　　(2) $-\dfrac{3}{5}$　　　(3) -11

삼차방정식 $x^3-4x^2+x+6=0$의 세 근을 α, β, γ라 할 때, 다음 식의 값을 구하시오.

(1) $\dfrac{1}{\alpha}+\dfrac{1}{\beta}+\dfrac{1}{\gamma}$ 　　　　　　　　　(2) $\dfrac{1}{\alpha\beta}+\dfrac{1}{\beta\gamma}+\dfrac{1}{\gamma\alpha}$

삼차방정식 $x^3-2x+1=0$의 세 근을 α, β, γ라 할 때, $\alpha^2\beta^2+\beta^2\gamma^2+\gamma^2\alpha^2$의 값을 구하시오.

강의 **삼차방정식의 켤레근은 유리계수, 실수계수 조건을 꼭 확인하라! (100%)**

① 유리계수 방정식 → $a+b\sqrt{3}$ (근) → 켤레근 $a-b\sqrt{3}$ (근)

② 실수계수 방정식 → $a+bi$ (근) → 켤레근 $a-bi$ (근)

기 | 본 | 예 | 제 10

a, b가 유리수이고, 삼차방정식 $x^3+ax-b=0$의 한 근이 $1+\sqrt{2}$일 때, $a+b$의 값을 구하시오.

탐구 유리계수 방정식의 한 근이 $a+b\sqrt{2}$이면 $a-b\sqrt{2}$를 근으로 갖는다.

풀이 계수가 유리수이고 한 근이 $1+\sqrt{2}$이므로 $1-\sqrt{2}$도 이 방정식의 근이다.

따라서 세 근을 $1+\sqrt{2}$, $1-\sqrt{2}$, α라 놓고 근과 계수의 관계를 이용하면

ⅰ) $1+\sqrt{2}+1-\sqrt{2}+\alpha=0$ 　∴ $\alpha=-2$

ⅱ) $(1+\sqrt{2})(1-\sqrt{2})+\alpha(1-\sqrt{2})+\alpha(1+\sqrt{2})=a$

$2\alpha-1=a$에서 $\alpha=-2$이므로 $a=-5$

ⅲ) $(1+\sqrt{2})(1-\sqrt{2})\alpha=b$　$-\alpha=b$에서 $\alpha=-2$이므로 $b=2$

∴ $a+b=-5+2=-3$

정답 -3

삼차방정식 $x^3+ax^2+bx-3=0$의 한 근이 $1+\sqrt{2}\,i$일 때, 두 실수 a, b에 대하여 ab의 값을 구하시오.

삼차방정식 $x^3+px+q=0$ (단, p, q는 유리수)의 한 근이 $\sqrt{3}-1$일 때, $p+q$의 값을 구하시오.

2 삼차방정식의 작성

→ α, β, γ를 세 근으로 하는 삼차방정식을 구하면

(1) $(x-\alpha)(x-\beta)(x-\gamma)=0$

　　→ $\alpha=\beta$일 때 $(x-\alpha)^2(x-\gamma)=0$

(2) $x^3-(\alpha+\beta+\gamma)x^2+(\alpha\beta+\beta\gamma+\gamma\alpha)x-\alpha\beta\gamma=0$

강의 삼차방정식을 세우는 방법은 근의 종류에 따라 달라진다!

① $a(x-\alpha)(x-\beta)(x-\gamma)=0$꼴

② $a(x-\alpha)^2(x-\beta)=0$꼴

③ $a(x-\alpha)^3=0$꼴

기 | 본 | 예 | 제 **11**

삼차방정식 $x^3+3x+2=0$의 세 근을 α, β, γ라 할 때, $\alpha+\beta$, $\beta+\gamma$, $\gamma+\alpha$를 세 근으로 하는 삼차방정식을 구하시오. (단, 최고차항의 계수는 1이다.)

탐구　세 근 A, B, C → 삼차방정식은 $x^3-(A+B+C)x^2+(AB+BC+CA)x-ABC=0$

풀이　근과 계수의 관계에 의해

　　　$\alpha+\beta+\gamma=0$, $\alpha\beta+\beta\gamma+\gamma\alpha=3$, $\alpha\beta\gamma=-2$

　　$\alpha+\beta+\gamma=0$을 변형하면 $\alpha+\beta=-\gamma$, $\beta+\gamma=-\alpha$, $\gamma+\alpha=-\beta$이다.

　　따라서 구하는 삼차방정식의 세 근은 $-\alpha$, $-\beta$, $-\gamma$이다.

　　이 삼차방정식을 $x^3+ax^2+bx+c=0$이라 하고 근과 계수의 관계를 이용하면

　　　i) $(-\gamma)+(-\alpha)+(-\beta)=-(\gamma+\alpha+\beta)=0=-a$　∴ $a=0$

　　　ii) $(-\alpha)\times(-\beta)+(-\beta)\times(-\gamma)+(-\gamma)\times(-\alpha)=\alpha\beta+\beta\gamma+\gamma\alpha=3=b$　∴ $b=3$

　　　iii) $(-\alpha)(-\beta)(-\gamma)=-\alpha\beta\gamma=2=-c$　　　∴ $c=-2$

　　따라서 구하는 삼차방정식은

　　　$x^3-0\times x^2+3x-2=0$　　　∴ $x^3+3x-2=0$

정답　$x^3+3x-2=0$

유제 11-1　삼차방정식 $x^3+2x^2-1=0$의 세 근을 α, β, γ라 할 때, $\alpha\beta$, $\beta\gamma$, $\gamma\alpha$를 세 근으로 하는 x^3의 계수가 1인 삼차방정식을 구하시오.

유제 11-2　삼차방정식 $x^3+3x^2+2x+1=0$의 세 근을 α, β, γ라 할 때, x^3의 계수가 1이고 $\dfrac{1}{\alpha}$, $\dfrac{1}{\beta}$, $\dfrac{1}{\gamma}$을 세 근으로 하는 삼차방정식을 구하시오.

03 1의 세제곱근과 -1의 세제곱근

1 1의 세제곱근

[1] 1의 세제곱근

➜ 세제곱하여 1이 되는 수를 **1의 세제곱근**이라 한다.

➜ $x^3 = 1$

➜ $x^3 - 1 = 0$

➜ $(x-1)(x^2 + x + 1) = 0$

(1) $x - 1 = 0$에서 실근 $x = 1$

(2) $x^2 + x + 1 = 0$에서 허근 $x = \dfrac{-1 \pm \sqrt{3}\,i}{2}$

[2] $\omega = \dfrac{-1 \pm \sqrt{3}\,i}{2}$의 정체

(1) ω는 $x^3 = 1$의 허근이므로 $\omega^3 = 1$이다.

(2) ω는 $x^2 + x + 1 = 0$의 근이므로 $\omega^2 + \omega + 1 = 0$이다.

[3] $\omega = \dfrac{-1 \pm \sqrt{3}\,i}{2}$의 성질

(1) $\omega = \dfrac{-1 + \sqrt{3}\,i}{2}$라 하면 $\omega^2 = \dfrac{-1 - \sqrt{3}\,i}{2} = \overline{\omega}$이다.

(2) $\omega = \dfrac{-1 + \sqrt{3}\,i}{2}$라 하면 $\dfrac{1}{\omega} = \dfrac{-1 - \sqrt{3}\,i}{2} = \overline{\omega}$이다.

(3) $\omega = \dfrac{-1 + \sqrt{3}\,i}{2}$라 하면 $\omega + \overline{\omega} = \omega + \omega^2 = \omega + \dfrac{1}{\omega} = -1$이다.

(4) $\omega = \dfrac{-1 + \sqrt{3}\,i}{2}$라 하면 $\omega\overline{\omega} = \omega\omega^2 = \omega \cdot \dfrac{1}{\omega} = 1$이다.

(5) $\omega = \dfrac{-1 + \sqrt{3}\,i}{2}$라 하면 $x^3 = 1$의 세 근은 $1,\ \omega,\ \omega^2$이다.

(6) $\omega = \dfrac{-1 + \sqrt{3}\,i}{2}$라 하면 $x^3 = a^3$의 세 근은 $a,\ a\omega,\ a\omega^2$이다.

[4] $\omega = \dfrac{-1 \pm \sqrt{3}\,i}{2}$의 주기

➜ $\omega = \dfrac{-1 \pm \sqrt{3}\,i}{2}$는 3주기 변화한다.

(1) $\omega^{3n+0} = \omega^0 = 1$

(2) $\omega^{3n+1} = \omega^1 = \omega$

(3) $\omega^{3n+2} = \omega^2$

1의 세계곱근 x 중에서 허근 ω에 주목하라!

➔ $x^3 = 1$ $\qquad x^3 - 1 = 0$

➔ $(x-1)(x^2 + x + 1) = 0$

➔ $x - 1 = 0,\ x^2 + x + 1 = 0$

➔ 실근 $x = 1$, 허근 $x = \dfrac{-1 \pm \sqrt{3}\,i}{2}$

$x^3 = a^3$의 세 근은 1의 세계곱근을 이용하여 구한다!

$x^3 = 1^3$의 3근 $\rightarrow$ $1,\ \omega,\ \omega^2$

$x^3 = a^3$의 3근 $\rightarrow$ $a \times 1,\ a\omega,\ a\omega^2$

보기 $x^3 = 2^3$의 3근

$\rightarrow 2 \times 1,\ 2 \times \dfrac{-1 + \sqrt{3}\,i}{2},\ 2 \times \dfrac{-1 - \sqrt{3}\,i}{2}$

$\rightarrow 2,\ -1 + \sqrt{3}\,i,\ -1 - \sqrt{3}\,i$

기 | 본 | 예 | 제 **12**

$\dfrac{-1 - \sqrt{3}\,i}{2}$ 를 ω라 할 때, $x^3 = 27$의 세 근을 ω를 이용하여 나타내시오.

탐구 $\quad x^3 = a^3$의 세 근 $\rightarrow$ $a \times 1,\ a \times \dfrac{-1 + \sqrt{3}\,i}{2},\ a \times \dfrac{-1 - \sqrt{3}\,i}{2}$

풀이 $\quad x^3 - 3^3 = 0$의 근을 구하면

$\qquad (x-3)(x^2 + 3x + 9) = 0$

$\qquad \therefore\ x = 3$ 또는 $x = \dfrac{-3 \pm 3\sqrt{3}\,i}{2} = 3 \times \left(\dfrac{-1 \pm \sqrt{3}\,i}{2} \right)$

$\quad \omega = \dfrac{-1 - \sqrt{3}\,i}{2}$ 이면 $\dfrac{-1 + \sqrt{3}\,i}{2} = \omega^2$ 이므로 세 근을 ω를 이용하여 나타내면

$\qquad x = 3$ 또는 $x = 3\omega$ 또는 $x = 3\omega^2$

정답 $\quad x = 3$ 또는 $x = 3\omega$ 또는 $x = 3\omega^2$

유제 12-1 $\dfrac{-1-\sqrt{3}\,i}{2}$ 를 ω라 할 때, $x^3=64$의 세 근을 ω를 이용하여 나타내시오.

유제 12-2 $\omega=\dfrac{-1+\sqrt{3}\,i}{2}$ 일 때, $x^3=125$의 세 근을 ω를 이용하여 나타내시오.

강의 ω문제는 3가지 유형으로 출제된다!

① $x^3=1$의 허근 $\to \omega$

② $x^2+x+1=0$의 근 $\to \omega$

③ $x=\dfrac{-1\pm\sqrt{3}\,i}{2} \to \omega$

강의 i와 ω의 주기성은 i는 4주기, ω는 3주기 변화한다!

① i의 4주기 변화

→ $i^0=1$, $i^1=i$, $i^2=-1$, $i^3=-i$, $i^4=1$, ⋯

→ $i^{4n+r}=i^r$이용.

② ω의 3주기 변화

→ $\omega^0=1$, $\omega^1=\omega$, $\omega^2=\overline{\omega}$, $\omega^3=1$, $\omega^4=\omega$, ⋯

→ $\omega^{3n+r}=\omega^r$이용.

보기 ① $i^{2023}=i^3=-i$

② $\omega^{2024}=\omega^2=\overline{\omega}$

방정식 $x^2+x+1=0$의 근을 $\dfrac{-1\pm\sqrt{3}\,i}{2}=\omega$라 할 때, 다음 식의 값을 구하시오.

$$\omega^{2024}+\omega^{2025}+\omega^{2026}+\omega^{2027}+\omega^{2028}+\omega^{2029}+\omega^{2030}$$

탐구 ω는 3주기 변화하므로 3개가 연속되면 0이 된다.

$\to \omega^n+\omega^{n+1}+\omega^{n+2}=0$ (단, n은 자연수)

풀이 $x^2+x+1=0$의 한 근이 ω이므로

$$\omega^2+\omega+1=0 \quad \cdots ①$$

①의 양변에 $\omega-1$을 곱하면

$$\omega^3-1=0 \quad \therefore \omega^3=1 \quad \cdots ②$$

①, ②를 이용하여 준식을 간단히 하면

$$(준식)=(\omega^3)^{674}\times\omega^2+(\omega^3)^{675}+(\omega^3)^{675}\times\omega+(\omega^3)^{675}\times\omega^2+(\omega^3)^{676}$$
$$+(\omega^3)^{676}\times\omega+(\omega^3)^{676}\times\omega^2$$

$$=\omega^2+(1+\omega+\omega^2)+(1+\omega+\omega^2)=\omega^2$$

$$=\left(\dfrac{-1\pm\sqrt{3}\,i}{2}\right)^2=\dfrac{1\mp2\sqrt{3}\,i-3}{4}$$

$$=\dfrac{-2\mp2\sqrt{3}\,i}{4}=\dfrac{-1\mp\sqrt{3}\,i}{2}$$

정답 $\dfrac{-1\mp\sqrt{3}\,i}{2}$

유제 13-1 방정식 $x^2+x+1=0$의 한 근을 ω라 할 때, $\omega+\omega^2+\omega^3+\omega^4+\cdots+\omega^{49}+\omega^{50}$의 값을 구하시오.

유제 13-2 방정식 $x^2+x+1=0$의 한 근을 ω라 할 때, $\dfrac{\omega^{26}}{1+\omega^{25}}+\dfrac{\omega^{25}}{-1-\omega^{26}}$의 값을 구하시오.

$\left(\dfrac{-1+\sqrt{3}\,i}{2}\right)^{101}+\left(\dfrac{-1+\sqrt{3}\,i}{2}\right)^{100}+1$의 값을 구하시오.

탐구 $x^3=1$의 허근 $\rightarrow x^2+x+1=0$의 근 $\rightarrow \dfrac{-1\pm\sqrt{3}\,i}{2}=\omega$

풀이 $\dfrac{-1+\sqrt{3}\,i}{2}$는 $x^3=1$의 한 허근이므로 $\dfrac{-1+\sqrt{3}\,i}{2}=\omega$라 하면

$\omega^3=1,\ \omega^2+\omega+1=0$이다.

$(준식)=\omega^{101}+\omega^{100}+1=(\omega^3)^{33}\times\omega^2+(\omega^3)^{33}\times\omega+1$

$=\omega^2+\omega+1=0$

정답 0

유제 14-1 $\left(\dfrac{-1-\sqrt{3}\,i}{2}\right)^{14}+\left(\dfrac{-1-\sqrt{3}\,i}{2}\right)^{16}$의 값을 구하시오.

유제 14-2 $\omega=\dfrac{-1+\sqrt{3}\,i}{2}$라 할 때 $\omega^{101}+\omega^{10}+1$의 값을 구하시오.

강의 ω해법은 공식으로 사용되니 꼭 암기해두어야 한다!

$\rightarrow \omega=\dfrac{-1+\sqrt{3}\,i}{2},\ \overline{\omega}=\dfrac{-1-\sqrt{3}\,i}{2}$라 할 때,

① $\omega^3=1,\ \omega^2+\omega+1=0$

② $\dfrac{1}{\omega}=\overline{\omega},\ \dfrac{1}{\overline{\omega}}=\omega$

③ $\omega^2=\overline{\omega},\ \overline{\omega}^2=\omega$

④ $\omega+\omega^2=\omega+\dfrac{1}{\omega}=\omega+\overline{\omega}=-1$

⑤ $\omega\times\omega^2=\omega\times\dfrac{1}{\omega}=\omega\times\overline{\omega}=1$

방정식 $x^3 = 1$의 한 허근을 ω라 하고 $z = \dfrac{\omega + 1}{2\omega + 1}$이라 할 때, $z\bar{z}$의 값을 구하시오.

(단, $\bar{z}$는 z의 켤레복소수)

탐구 $x^3 = 1$의 한 허근을 ω라 하면 $\omega + \bar{\omega} = -1$, $\omega\bar{\omega} = 1$이다.

풀이 $x^3 = 1$에서 $x^3 - 1 = 0$ $(x-1)(x^2 + x + 1) = 0$이므로

한 허근 ω는 $x^2 + x + 1 = 0$의 근이고 다른 한 근은 $\bar{\omega}$이다.

근과 계수의 관계에 의해

$\omega + \bar{\omega} = -1$, $\omega\bar{\omega} = 1$ $\cdots$ ①

①을 이용하여 $z\bar{z}$의 값을 구하면

$$z\bar{z} = \frac{\omega + 1}{2\omega + 1} \times \frac{\bar{\omega} + 1}{2\bar{\omega} + 1}$$

$$= \frac{\omega\bar{\omega} + \omega + \bar{\omega} + 1}{4\omega\bar{\omega} + 2(\omega + \bar{\omega}) + 1}$$

$$= \frac{1 - 1 + 1}{4 - 2 + 1} = \frac{1}{3}$$

정답 $\dfrac{1}{3}$

유제 15-1

$x^2 + x + 1 = 0$의 한 근을 ω라 하고 $z = \dfrac{\omega - 1}{\omega + 1}$이라 할 때, $\dfrac{1}{z} + \dfrac{1}{\bar{z}}$의 값을 구하시오. (단, $\bar{z}$는 z의 켤레복소수)

유제 15-2

$x^3 = 1$의 한 허근을 ω라 할 때, $z = \dfrac{\omega}{1 - 2\omega}$를 한 근으로 하는 이차방정식

$x^2 + px + q = 0$에서 $p + 2q$의 값을 구하시오. (단, p, q는 실수)

방정식 $x^2 + x + 1 = 0$의 한 근을 ω라 할 때, 다음 식의 값을 구하시오.

(1) $\omega^5 + \dfrac{1}{\omega^5}$ (2) $\omega^{100} + \dfrac{1}{\omega^{100}}$

탐구 $x^2 + x + 1 = 0$의 한 근을 ω라 하면 $\omega^3 = 1$, $\omega + \dfrac{1}{\omega} = -1$임을 이용한다.

풀이 $x^2 + x + 1 = 0$의 한 근이 ω이므로

$$\omega^2 + \omega + 1 = 0 \qquad \cdots ①$$

①의 양변에 $\omega - 1$을 곱하고 정리하면

$$(\omega - 1)(\omega^2 + \omega + 1) = 0 \quad \therefore \ \omega^3 = 1 \qquad\qquad \cdots ②$$

①의 양변을 ω로 나누고 정리하면

$$\omega + 1 + \dfrac{1}{\omega} = 0 \qquad\qquad \therefore \ \omega + \dfrac{1}{\omega} = -1 \qquad \cdots ③$$

②, ③을 이용하여 준식의 값을 구하면

(1) (준식) $= \omega^3 \times \omega^2 + \dfrac{1}{\omega^3 \times \omega^2}$

$\qquad\qquad = \omega^2 + \dfrac{1}{\omega^2} = \left(\omega + \dfrac{1}{\omega} \right)^2 - 2 = -1$

(2) (준식) $= \omega^{3 \times 33} \times \omega + \dfrac{1}{\omega^{3 \times 33} \times \omega}$

$\qquad\qquad = \omega + \dfrac{1}{\omega} = -1$

정답   (1) -1 (2) -1

유제 16-1   방정식 $x^2 + x + 1 = 0$의 한 근을 ω라 할 때, 다음 식의 값을 구하시오.

(1) $\omega^7 + \dfrac{1}{\omega^7}$ (2) $\omega^{200} + \dfrac{1}{\omega^{200}}$

유제 16-2   방정식 $x^3 - 1 = 0$의 한 허근을 ω라 할 때, $\left(\omega^{19} - \dfrac{1}{\omega^{19}} \right)^2$의 값을 구하시오.

2 −1의 세제곱근

[1] −1의 세제곱근

→ 세제곱하여 −1이 되는 수를 **−1의 세제곱근**이라 한다.

→ $x^3 = -1$

→ $x^3 + 1 = 0$

→ $(x+1)(x^2-x+1) = 0$

(1) $x+1 = 0$에서 실근 $x = -1$

(2) $x^2 - x + 1 = 0$에서 허근 $x = \dfrac{1 \pm \sqrt{3}\,i}{2}$

[2] $\omega = \dfrac{1 \pm \sqrt{3}\,i}{2}$의 정체

(1) ω는 $x^3 = -1$의 허근이므로 $\omega^3 = -1$이다.

(2) ω는 $x^2 - x + 1 = 0$의 근이므로 $\omega^2 - \omega + 1 = 0$이다.

[3] $\omega = \dfrac{1 \pm \sqrt{3}\,i}{2}$의 성질

(1) $\omega = \dfrac{1 + \sqrt{3}\,i}{2}$라 하면 $\omega^2 = -\dfrac{1 - \sqrt{3}\,i}{2} = -\overline{\omega}$이다.

(2) $\omega = \dfrac{1 + \sqrt{3}\,i}{2}$라 하면 $\dfrac{1}{\omega} = \dfrac{1 - \sqrt{3}\,i}{2} = \overline{\omega}$이다.

(3) $\omega = \dfrac{1 + \sqrt{3}\,i}{2}$라 하면 $\omega + \overline{\omega} = \omega + (-\omega^2) = \omega + \dfrac{1}{\omega} = 1$이다.

(4) $\omega = \dfrac{1 + \sqrt{3}\,i}{2}$라 하면 $\omega\overline{\omega} = \omega(-\omega^2) = \omega \cdot \dfrac{1}{\omega} = 1$이다.

(5) $\omega = \dfrac{1 + \sqrt{3}\,i}{2}$라 하면 $x^3 = -1$의 세 근은 -1, ω, $-\omega^2$이다.

(6) $\omega = \dfrac{1 + \sqrt{3}\,i}{2}$라 하면 $x^3 = -a^3$의 세 근은 $-a$, $a\omega$, $-a\omega^2$이다.

[4] $\omega = \dfrac{1 \pm \sqrt{3}\,i}{2}$의 주기

→ $\omega = \dfrac{1 \pm \sqrt{3}\,i}{2}$는 6주기 변화한다.

(1) $\omega^{6n+0} = \omega^0 = 1$

(2) $\omega^{6n+1} = \omega^1 = \omega$

(3) $\omega^{6n+2} = \omega^2$

(4) $\omega^{6n+3} = \omega^3 = -1$

(5) $\omega^{6n+4} = \omega^4 = \omega^3 \cdot \omega^1 = -\omega$

(6) $\omega^{6n+5} = \omega^5 = \omega^3 \cdot \omega^2 = -\omega^2$

→ 진짜 $\omega = \dfrac{-1 \pm \sqrt{3}\,i}{2}$와 가짜 $\omega = \dfrac{1 \pm \sqrt{3}\,i}{2}$

① 진짜 ω는 $\omega + \overline{\omega} = \omega + \omega^2 = \omega + \dfrac{1}{\omega} = -1$

→ 가짜 ω는 $\omega + \overline{\omega} = \omega + (-\omega^2) = \omega + \dfrac{1}{\omega} = 1$

② 진짜 ω는 $\omega \cdot \overline{\omega} = \omega \cdot \omega^2 = \omega \cdot \dfrac{1}{\omega} = 1$

→ 가짜 ω는 $\omega \cdot \overline{\omega} = \omega \cdot (-\omega^2) = \omega \cdot \dfrac{1}{\omega} = 1$

③ 진짜 ω는 3주기 변화한다.

→ 가짜 ω는 6주기 변화한다.

주의 가짜 ω의 정체

① $x^3 = -1$의 허근   ② $x^2 - x + 1 = 0$의 근   ③ $\dfrac{1 \pm \sqrt{3}\,i}{2}$

기 | 본 | 예 | 제 **17**

방정식 $x^2 - x + 1 = 0$의 한 근을 ω라 할 때, $\omega^5 + \dfrac{1}{\omega^5}$의 값을 구하시오.

탐구 $x^3 = -1$의 허근 → $x^2 - x + 1 = 0$의 근

① $\omega^3 = -1$, $\omega^2 - \omega + 1 = 0$ ② $\omega + \dfrac{1}{\omega} = 1$, $\omega \times \dfrac{1}{\omega} = 1$

풀이   가짜 ω 문제이므로 $\omega^3 = -1$이고 $\omega^2 - \omega + 1 = 0$에서 $\omega + \dfrac{1}{\omega} = 1$이다.

$$(\text{준식}) = \omega^3 \times \omega^2 + \frac{1}{\omega^3 \times \omega^2} = -\left(\omega^2 + \frac{1}{\omega^2}\right) = -\left\{\left(\omega + \frac{1}{\omega}\right)^2 - 2\right\} = -(1-2) = 1$$

정답   1

유제 **17-1**   방정식 $x^3 = -1$의 한 허근을 ω라 할 때, $\omega^2 - \overline{\omega}^4$의 값을 구하시오.

(단, $\overline{\omega}$는 ω의 켤레복소수)

유제 **17-2**

방정식 $x^2 - x + 1 = 0$의 한 근을 ω라 할 때, $\dfrac{\omega^{22}}{1 + \omega^{20}} + \dfrac{\omega^{17}}{\omega^{22} + 1}$의 값을 구하시오.

반복학습 기록란.

가장 좋은 학습방법은 학교에서나 학원에서나 선생님의 강의를 열심히 듣고 여러 번 반복학습하는 것입니다.
지금부터 당장 선생님의 강의를 열심히 듣고 반복! 반복하십시오. 그러면 곧 모든 과목에 자신이 생길 것입니다.

회수	시작이 반!			끝을 봐야!			확인
제1회	년	월	일 부터	년	월	일 까지	
제2회	년	월	일 부터	년	월	일 까지	
제3회	년	월	일 부터	년	월	일 까지	
제4회	년	월	일 부터	년	월	일 까지	
제5회	년	월	일 부터	년	월	일 까지	
제6회	년	월	일 부터	년	월	일 까지	
제7회	년	월	일 부터	년	월	일 까지	
제8회	년	월	일 부터	년	월	일 까지	
제9회	년	월	일 부터	년	월	일 까지	
제10회	년	월	일 부터	년	월	일 까지	

▶ 연습문제 A는 앞에서 배운 기초 단계의 문제이므로 선생님의 도움 없이 스스로 풀어 자신의 실력을 점검해 보도록 하자.

01 다음 방정식을 푸시오.

(1) $x^3 + 1 = 0$　　　　　　　(2) $x^4 = 16$

02 다음 방정식을 푸시오.

(1) $x^3 + 4x^2 - x - 4 = 0$　　　　(2) $x^4 + x^3 - x^2 - 7x - 6 = 0$

03 다음 방정식을 푸시오.

(1) $(x^2 + x)^2 - 8(x^2 + x) + 12 = 0$　　(2) $(x+1)(x+2)(x+3)(x+4) = 24$

04 다음 방정식을 푸시오.

(1) $x^4 - 2x^2 - 3 = 0$　　　　　(2) $x^4 - 23x^2 + 1 = 0$

05 삼차방정식 $x^3 + 2ax - 1 = 0$의 한 근이 -1일 때, 나머지 두 근의 합을 구하시오.

06 삼차방정식 $x^3 - 2x^2 + kx + k + 3 = 0$의 근이 모두 실근이 되도록 하는 실수 k의 최댓값을 구하시오.

07 어떤 정육면체의 가로의 길이는 $2\,\text{cm}$, 세로의 길이는 $1\,\text{cm}$를 줄이고 높이는 $1\,\text{cm}$를 늘렸더니 부피가 $72\,\text{cm}^3$인 직육면체가 되었다면 처음 정육면체의 한 모서리의 길이를 구하시오.

08 삼차방정식 $x^3 + 2x^2 - 3x - 5 = 0$의 세 근을 α, β, γ라 할 때, 다음 식의 값을 구하시오.

(1) $\alpha^2 + \beta^2 + \gamma^2$　(2) $\dfrac{1}{\alpha} + \dfrac{1}{\beta} + \dfrac{1}{\gamma}$　　　(3) $\alpha^3 + \beta^3 + \gamma^3$

09 a, b가 유리수이고, 삼차방정식 $x^3 + ax - b = 0$의 한 근이 $1 + \sqrt{2}$일 때, $a + b$의 값을 구하시오.

10 삼차방정식 $x^3 + 3x + 2 = 0$의 세 근을 α, β, γ라 할 때, $\alpha + \beta$, $\beta + \gamma$, $\gamma + \alpha$를 세 근으로 하는 삼차방정식을 구하시오. (단, 최고차항의 계수는 1이다.)

11 $\dfrac{-1 - \sqrt{3}\,i}{2}$를 ω라 할 때, $x^3 = 27$의 세 근을 ω를 이용하여 나타내시오.

12 방정식 $x^2+x+1=0$의 한 근을 ω라 할 때, $\omega+\omega^2+\omega^3+\omega^4+\cdots+\omega^{49}+\omega^{50}$의 값을 구하시오.

13 $\left(\dfrac{-1+\sqrt{3}\,i}{2}\right)^{101}+\left(\dfrac{-1+\sqrt{3}\,i}{2}\right)^{100}+1$의 값을 구하시오.

14 방정식 $x^3=1$의 한 허근을 ω라 하고 $z=\dfrac{\omega+1}{2\omega+1}$이라 할 때, $z\overline{z}$의 값을 구하시오.

(단, $\overline{z}$는 z의 켤레복소수)

15 방정식 $x^2+x+1=0$의 한 근을 ω라 할 때, 다음 식의 값을 구하시오.

(1) $\omega^5+\dfrac{1}{\omega^5}$ (2) $\omega^{100}+\dfrac{1}{\omega^{100}}$

16 방정식 $x^2-x+1=0$의 한 근을 ω라 할 때, $\omega^5+\dfrac{1}{\omega^5}$의 값을 구하시오.

B Step 연습 문제

▶ 연습문제 B는 앞에서 배운 문제 중 응용단계의 문제이므로 연습장에 스스로 풀어보고 잘 풀리지 않으면 처음부터 다시 공부한 후 자신이 있을 때 다시 풀어 보도록 하자.

01 다음 방정식을 푸시오.

(1) $2x^3 - 54 = 0$ (2) $x^4 = 64$

02 다음 방정식을 푸시오.

(1) $x^4 + 64 = 0$ (2) $x^4 - 13x^2 + 4 = 0$

03 방정식 $x^4 + 2x^3 - 13x^2 + 2x + 1 = 0$을 푸시오.

04 사차방정식 $x^4 + ax^3 - 2x^2 + 3bx - 4 = 0$의 두 근이 -1, 2일 때, 나머지 두 근의 합을 구하시오.

05 삼차방정식 $x^3 - (2k+1)x^2 + (3k+1)x - k - 1 = 0$이 중근을 갖도록 하는 모든 실수 k의 값의 합을 구하시오.

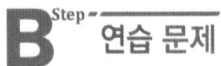

06 오른쪽 그림과 같이 한 변의 길이가 $15\,\text{cm}$인 정사각형의 네 귀퉁이에서 한 변의 길이가 $x\,\text{cm}$인 정사각형을 잘라내고 점선을 따라 접으면 직육면체 모양의 그릇이 된다. 이 그릇의 부피가 $243\,\text{cm}^3$가 되게 하는 자연수 x의 값을 구하시오.

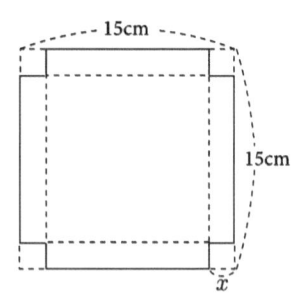

07 삼차방정식 $x^3 - 2x + 1 = 0$의 세 근을 α, β, γ라 할 때, $\alpha^2\beta^2 + \beta^2\gamma^2 + \gamma^2\alpha^2$의 값을 구하시오.

08 삼차방정식 $x^3 + ax^2 + bx - 3 = 0$의 한 근이 $1 + \sqrt{2}\,i$일 때, 두 실수 a, b에 대하여 ab의 값을 구하시오.

09 삼차방정식 $x^3 + 3x^2 + 2x + 1 = 0$의 세 근을 α, β, γ라 할 때, x^3의 계수가 1이고 $\dfrac{1}{\alpha}$, $\dfrac{1}{\beta}$, $\dfrac{1}{\gamma}$을 세 근으로 하는 삼차방정식을 구하시오.

10 $\omega = \dfrac{-1 + \sqrt{3}\,i}{2}$일 때, $x^3 = 125$의 세 근을 ω를 이용하여 나타내시오.

11 방정식 $x^2 + x + 1 = 0$의 근을 $\dfrac{-1 \pm \sqrt{3}\,i}{2} = \omega$라 할 때, 다음 식의 값을 구하시오.

$$\omega^{2024} + \omega^{2025} + \omega^{2026} + \omega^{2027} + \omega^{2028} + \omega^{2029} + \omega^{2030}$$

12 $\left(\dfrac{-1 - \sqrt{3}\,i}{2}\right)^{14} + \left(\dfrac{-1 - \sqrt{3}\,i}{2}\right)^{16}$의 값을 구하시오.

13 $x^3 = 1$의 한 허근을 ω라 할 때, $z = \dfrac{\omega}{1 - 2\omega}$를 한 근으로 하는 이차방정식

$x^2 + px + q = 0$에서 $p + 2q$의 값을 구하시오. (단, p, q는 실수)

14 방정식 $x^3 - 1 = 0$의 한 허근을 ω라 할 때, $\left(\omega^{19} - \dfrac{1}{\omega^{19}}\right)^2$의 값을 구하시오.

15 방정식 $x^2 - x + 1 = 0$의 한 근을 ω라 할 때, $\dfrac{\omega^{22}}{1 + \omega^{20}} + \dfrac{\omega^{17}}{\omega^{22} + 1}$의 값을 구하시오.

연립방정식

◆ 중·고교 연결과정 선수학습
1 미지수가 2개인 연립이차방정식
2 부정방정식
◆ 반복학습 기록란
◆ 연습문제 (A)(B)

명언

행복의 문이 하나 닫히면 다른 문이 열린다.
그러나 우리는 종종 문을 멍하니 바라보다가 우리를 향해 열린 문을 보지 못하게 된다.
-헬렌 켈러-

1 연립일차방정식의 근과 계수

$$\rightarrow \begin{cases} ax+by+c=0 \rightarrow y=-\dfrac{a}{b}x-\dfrac{c}{b} \\ a'x+b'y+c'=0 \rightarrow y=-\dfrac{a'}{b'}x-\dfrac{c'}{b'} \end{cases}$$

계수의 비	$\dfrac{a}{a'} \neq \dfrac{b}{b'}$	$\dfrac{a}{a'} = \dfrac{b}{b'} = \dfrac{c}{c'}$	$\dfrac{a}{a'} = \dfrac{b}{b'} \neq \dfrac{c}{c'}$
기울기와 y절편	기울기가 다르다.	기울기도 같고 y절편도 같다.	기울기는 같고 y절편은 다르다.
두 직선의 위치 관계	한 점에서 교차한다.	일치한다.	평행하다.
해	한 쌍의 해	무수히 많다. (부정)	해가 없다. (불능)

강의 **연립일차방정식의 근과 계수는 기울기와 y절편을 이용하여 판단한다!**

$$\rightarrow \begin{bmatrix} ax+by+c=0 \\ a'x+b'y+c'=0 \end{bmatrix} \rightarrow \underbrace{\dfrac{a}{a'} = \dfrac{b}{b'}}_{\text{기울기}} = \underbrace{\dfrac{c}{c'}}_{y\text{절편}}$$

① 기울기가 다르다!

$\rightarrow \dfrac{a}{a'} \neq \dfrac{b}{b'}$　　→ 한 점에서 교차한다.　　→ 한 쌍의 근을 갖는다!

② 기울기도 같고 y절편도 같다!

$\rightarrow \dfrac{a}{a'} = \dfrac{b}{b'} = \dfrac{c}{c'}$　　→ 두 직선이 일치한다.　　→ 해는 무수히 많다! (부정)

③ 기울기는 같고 y절편은 다르다!

$\rightarrow \dfrac{a}{a'} = \dfrac{b}{b'} \neq \dfrac{c}{c'}$　　→ 두 직선이 평행하다.　　→ 해는 없다! (불능)

기|본|예|제 **01**

연립방정식 $\begin{cases} ax - 2y = 5 \\ 2x + by = 10 \end{cases}$ 의 해가 무수히 많을 때, $a+b$의 값을 구하시오. (단, a, b는 상수)

탐구 해가 무수히 많을 때 → 일치 → $\dfrac{a}{a'} = \dfrac{b}{b'} = \dfrac{c}{c'}$

풀이 해가 무수히 많으므로

$\dfrac{a}{2} = -\dfrac{2}{b} = \dfrac{1}{2}$ 에서 $a = 1$, $b = -4$

$\therefore a + b = -3$

정답 -3

유제 **01-1** 연립방정식 $\begin{cases} 2x - ay = 1 \\ bx + y = 2 \end{cases}$ 의 해가 무수히 많을 때, ab의 값을 구하시오.

(단, a, b는 상수)

유제 **01-2** 연립방정식 $\begin{cases} a(x-y) + 2(x+2y) = 1 \\ bx - 4y = 2 \end{cases}$ 의 해가 무수히 많을 때, 상수 a, b의 값을 구하시오.

기|본|예|제 **02**

연립방정식 $\begin{cases} 3x + ay = 2 \\ 2x - y = 2 \end{cases}$ 의 해가 없을 때, 상수 a의 값을 구하시오.

탐구 해가 없을 때 → 평행 → $\dfrac{a}{a'} = \dfrac{b}{b'} \neq \dfrac{c}{c'}$

풀이 해가 없으므로

$\dfrac{3}{2} = -a \neq 1$ $\therefore a = -\dfrac{3}{2}$

정답 $-\dfrac{3}{2}$

유제 **02-1** 연립방정식 $\begin{cases} kx + 2y + 3 = 0 \\ 2x + ky - 3 = 0 \end{cases}$ 이 해가 없을 때, 상수 k의 값을 구하시오.

유제 **02-2** 연립방정식 $\begin{cases} ax + 2x + 5y - 1 = 0 \\ x + ay - 2y + 1 = 0 \end{cases}$ 이 해가 없을 때, 상수 a의 값을 구하시오.

01 미지수가 2개인 연립이차방정식

1 연립이차방정식의 해법

➜ 일차식을 유도하여 이차식에 대입한다.

[1] 일차와 이차의 연립방정식

➜ 일차식을 이차식에 대입한다.

[2] 이차와 이차의 연립방정식

➜ 이차식에서 일차식을 유도하여 이차식에 대입한다.

[3] 일차식을 유도하는 방법

(1) 인수분해하여 일차식을 유도한다.

(2) 이차항을 소거하여 일차식을 유도한다.

(3) 상수항을 소거한 후 인수분해하여 일차식을 유도한다.

강의 **연립이차방정식의 해법은 1차식을 만들어 2차식에 대입한다!**

① $\begin{bmatrix} 1차 \\ 2차 \end{bmatrix}$ 1차식을 2차식에 대입

② $\begin{bmatrix} 2차 \\ 2차 \end{bmatrix}$ 1차식 유도 → ㄱ) 인수분해법 　　ㄴ) 소거법 $\begin{cases} 2차항\ 소거 → 1차 \\ 상수항\ 소거 → 인수분해 \end{cases}$

기|본|예|제 01

다음 연립방정식을 만족시키는 x, y에 대하여 $x+y$의 값을 구하시오.

$$\begin{cases} x^2+4xy+y^2=-2 \\ x-y=2 \end{cases}$$

탐구 　일차식을 이차식에 대입한다.

풀이 　$x=2+y$를 이차식에 대입하고 정리하면

$(2+y)^2+4(2+y)y+y^2=-2$에서 $y^2+2y+1=0$

$(y+1)^2=0$ 　∴ $y=-1$

$y=-1$을 $x=2+y$에 대입하면 $x=1$

따라서 $x+y$의 값을 구하면

$x+y=1+(-1)=0$

정답 　0

유제 **01-1** 연립방정식 $\begin{cases} x^2 - y^2 = -15 \\ x + 2y = 7 \end{cases}$ 을 푸시오.

유제 **01-2** 연립방정식 $\begin{cases} x^2 + xy + 2y^2 = 8 \\ x + y = 2 \end{cases}$ 를 만족하는 x, y에 대하여 $x^2 + y^2$의 값을 구하시오.

기 | 본 | 예 | 제 **02**

연립방정식 $\begin{cases} x^2 + y^2 = 13 \\ x^2 - xy + y = 1 \end{cases}$ **을 푸시오.**

탐구 인수분해로 일차식을 유도한다.

풀이 $\begin{cases} x^2 + y^2 = 13 & \cdots ① \\ x^2 - xy + y = 1 & \cdots ② \end{cases}$

②에서 $x^2 - xy + y - 1 = 0$ $\quad (x-1)(x+1) - y(x-1) = 0$ $\quad (x-1)(x-y+1) = 0$

$\therefore\ x = 1,\ y = x + 1$

ⅰ) $x = 1 \rightarrow ①$; $1 + y^2 = 13$에서 $y^2 = 12$ $\qquad \therefore\ y = \pm 2\sqrt{3}$

ⅱ) $y = x + 1 \rightarrow ①$; $x^2 + (x+1)^2 = 13$에서

$$x^2 + x - 6 = 0 \quad (x+3)(x-2) = 0$$

$$\therefore\ x = -3,\ y = -2\ \text{또는}\ x = 2,\ y = 3$$

따라서 ⅰ), ⅱ)에 의해

$\begin{cases} x = 1 \\ y = 2\sqrt{3} \end{cases}$ 또는 $\begin{cases} x = 1 \\ y = -2\sqrt{3} \end{cases}$ 또는 $\begin{cases} x = -3 \\ y = -2 \end{cases}$ 또는 $\begin{cases} x = 2 \\ y = 3 \end{cases}$

정답 $\begin{cases} x = 1 \\ y = 2\sqrt{3} \end{cases}$ 또는 $\begin{cases} x = 1 \\ y = -2\sqrt{3} \end{cases}$ 또는 $\begin{cases} x = -3 \\ y = -2 \end{cases}$ 또는 $\begin{cases} x = 2 \\ y = 3 \end{cases}$

유제 **02-1** 연립방정식 $\begin{cases} x^2 - xy - 2y^2 = 0 \\ x^2 + xy + y^2 = 21 \end{cases}$ 을 푸시오.

유제 **02-2** 연립방정식 $\begin{cases} x^2 + 3xy - 4y^2 = 0 \\ x^2 + 2xy + y^2 = 1 \end{cases}$ 을 푸시오.

2 특별한 꼴의 연립방정식

[1] 교환꼴인 경우

첫째, 두 식의 합 또는 차를 구한다.

둘째, 인수분해한다.

[2] 윤환꼴인 경우

첫째, 방정식들을 모두 더하거나 곱한다.

둘째, 더했을 때는 다시 빼고, 곱했을 때는 다시 나눈다.

[3] 대칭꼴인 경우

첫째, $x+y=u$, $xy=v$라 놓는다.

둘째, u, v에 대한 연립방정식을 풀어 u, v를 구한다.

셋째, $t^2-ut+v=0$의 두 근이 x, y이다.

강의 **교환꼴의 연립방정식은 더하거나 뺀 후에 인수분해한다!**

➔ 상호교환(2식) ⟶ 식불변

➔ ⊕ or ⊖ ⟶ 인수분해

기 | 본 | 예 | 제 03

다음 연립방정식을 푸시오.

$$\begin{cases} x^2+xy=21 & \cdots\ ① \\ y^2+xy=28 & \cdots\ ② \end{cases}$$

탐구 교환꼴이므로 두 식을 더하여 $x+y$를 구한 후, x, y를 구한다.

풀이 ①+② ; $x^2+2xy+y^2=49$

$\qquad\quad (x+y)^2=7^2 \qquad \therefore\ x+y=\pm 7$

ⅰ) $x+y=7$에서 $y=7-x$를 ①에 대입하면

$\qquad x^2+x(7-x)=21 \quad 7x=21 \quad \therefore\ x=3,\ y=4$

ⅱ) $x+y=-7$에서 $y=-7-x$를 ①에 대입하면

$\qquad x^2+x(-7-x)=21 \quad -7x=21 \quad \therefore\ x=-3,\ y=-4$

$\qquad \therefore\ \begin{cases} x=3 \\ y=4 \end{cases}$ 또는 $\begin{cases} x=-3 \\ y=-4 \end{cases}$

정답 $\begin{cases} x=3 \\ y=4 \end{cases}$ 또는 $\begin{cases} x=-3 \\ y=-4 \end{cases}$

유제 **03-1** 연립방정식 $\begin{cases} x^2 = 6x + 2y \\ y^2 = 2x + 6y \end{cases}$ 를 푸시오.

유제 **03-2** 연립방정식 $\begin{cases} x^2 - 3x + 2y = 0 \\ y^2 + 2x - 3y = 0 \end{cases}$ 을 푸시오.

강의 **윤환꼴의 연립방정식은 더하면 빼고 곱하면 나눈다!**

→ 3문자 → 규칙성 有

① 모두 더하고 뺀다.

② 모두 곱하고 나눈다.

有(있을 유)

기 | 본 | 예 | 제 **04**

다음 연립방정식을 푸시오.

$$\begin{cases} x + y = 3 & \cdots ① \\ y + z = 4 & \cdots ② \\ z + x = 5 & \cdots ③ \end{cases}$$

탐구 3원 1차 연립방정식 → 윤환식이므로 몽땅 더하고 뺀다!

풀이 ①+②+③ ; $2(x+y+z) = 12$ $\therefore$ $x+y+z = 6$ $\cdots ④$

④-① ; $z = 3$

④-② ; $x = 2$

④-③ ; $y = 1$

정답 $x = 2$, $y = 1$, $z = 3$

유제 **04-1** 연립방정식 $\begin{cases} 2x + y + z = 8 \\ x + 2y + z = 6 \\ x + y + 2z = 2 \end{cases}$ 를 푸시오.

유제 **04-2** 연립방정식 $\begin{cases} xy = 6 \\ yz = 2 \\ zx = 3 \end{cases}$ 을 푸시오. (단, x, y, z는 양수)

기│본│예│제 05

다음 연립방정식을 푸시오.

$$\begin{cases} x^2+y^2=5 \\ xy=-2 \end{cases}$$

탐구 대칭꼴이므로 $x+y$, xy를 구한 다음 t^2-합$t+$곱$=0$를 풀어 t를 구한다.

풀이 식을 변형하여 $x+y=u$, $xy=v$로 놓는다.

$$x^2+y^2=(x+y)^2-2xy=5 \quad \therefore u^2-2v=5 \quad \cdots ①$$

$$xy=-2 \quad \therefore v=-2 \quad \cdots ②$$

②를 ①에 대입하여 $u^2=1$ $\qquad \therefore u=\pm1$

ⅰ) $u=1$, $v=-2$일 때,

$x+y=1$, $xy=-2$이므로 x, y는 $t^2-t-2=0$의 두 근이다.

$(t-2)(t+1)=0$에서 $t=2$ 또는 $t=-1$이므로

$\therefore x=2$, $y=-1$ 또는 $x=-1$, $y=2$

ⅱ) $u=-1$, $v=-2$일 때,

$x+y=-1$, $xy=-2$이므로 x, y는 $t^2+t-2=0$의 두 근이다.

$(t+2)(t-1)=0$에서 $t=-2$ 또는 $t=1$이므로

$\therefore x=-2$, $y=1$ 또는 $x=1$, $y=-2$

정답 $\begin{cases} x=2 \\ y=-1 \end{cases}$ 또는 $\begin{cases} x=-1 \\ y=2 \end{cases}$ 또는 $\begin{cases} x=-2 \\ y=1 \end{cases}$ 또는 $\begin{cases} x=1 \\ y=-2 \end{cases}$

유제 05-1 연립방정식 $\begin{cases} x+y-2xy=8 \\ 2(x+y)+xy=1 \end{cases}$ 을 푸시오.

유제 05-2 연립방정식 $\begin{cases} x+y+xy=5 \\ x^2+y^2+xy=7 \end{cases}$ 을 푸시오.

3 근의 조건이 주어진 연립이차방정식

→ $\begin{cases} 일차방정식 \\ 이차방정식 \end{cases}$ 꼴의 연립이차방정식에 근의 조건이 주어지면 일차방정식을 이차방정식에 대입하여 한 문자에 대한 이차방정식으로 바꾼 후 조건에 맞게 판별식을 이용한다.

강의 근의 조건이 주어진 연립이차방정식은 일차식을 이차식에 대입한 후 판별식 D를 사용한다!
첫째, 일차식을 이차식에 대입하여 정리한다.
둘째, 근의 조건에 맞게 판별식을 사용한다.

기│본│예│제 06

연립방정식 $\begin{cases} x+y=k \\ -x^2+2xy=1 \end{cases}$ 이 오직 한 쌍의 해를 가질 때, 양수 k의 값을 구하시오.

탐구 연립방정식이 한 쌍의 해를 가지면 판별식 $D=0$이다.

풀이 주어진 일차방정식을 변형하면
$$y=k-x$$
이 식을 이차방정식에 대입하여 정리하면
$$-x^2+2x(k-x)=1$$
$$-3x^2+2kx-1=0$$
$$\therefore \ 3x^2-2kx+1=0 \quad \cdots ①$$
연립방정식이 오직 한 쌍의 해를 가지면 ①의 판별식 $D=0$이다.
$$D/4=k^2-3=0 \quad \therefore \ k=\pm\sqrt{3}$$
따라서 양수 k의 값을 구하면 $\sqrt{3}$이다.

정답 $\sqrt{3}$

유제 06-1 연립방정식 $\begin{cases} x-y=2k \\ xy=k-1 \end{cases}$ 이 오직 한 쌍의 해를 가질 때, 모든 실수 k의 값의 합을 구하시오.

유제 06-2 연립방정식 $\begin{cases} 2x+y=k \\ x^2+y^2=2 \end{cases}$ 가 실근을 가질 때, 정수 k의 개수를 구하시오.

4 연립방정식의 응용

첫째, 미지수를 x, y로 놓는다.

둘째, 주어진 조건을 활용하여 방정식을 세운다.

셋째, 연립방정식을 풀어 해를 구한다.

넷째, 구한 해가 조건에 맞는지를 검토한다.

> **강의** **연립방정식의 응용은 조건에 맞도록 미지수를 설정한 후 연립방정식을 세운다!**
>
> 첫째, 미지수 x, y 설정
>
> 둘째, 조건 이용 등식 작성
>
> 셋째, 연립방정식 풀이 검산
>
> 넷째, 조건에 맞는 해만 선택

기|본|예|제 07

넓이가 $48\,\text{cm}^2$이고, 가로의 길이가 세로의 길이의 2배보다 $4\,\text{cm}$ 짧은 직사각형의 둘레의 길이를 구하시오.

탐구 가로 : x, 세로 : y로 놓고 식 만들기

풀이 가로의 길이를 x, 세로의 길이를 y라 하고 주어진 조건을 식으로 나타내면

$$xy = 48, \quad x = 2y - 4$$

$x = 2y - 4$을 $xy = 48$에 대입하면 $(2y-4)y = 48$에서 $y^2 - 2y - 24 = 0$

$$(y-6)(y+4) = 0 \qquad \therefore \ y = 6$$

$y = 6$을 $x = 2y - 4$에 대입하면 $x = 8$

따라서 직사각형의 둘레의 길이를 구하면

$$2(8+6) = 28\,(\text{cm})$$

정답 $28\,\text{cm}$

유제 07-1 반지름의 길이가 서로 다른 두 원에서 큰 원의 둘레의 길이는 작은 원의 둘레의 길이의 두 배이고, 두 원의 넓이의 합은 45π일 때, 두 원의 반지름의 길이의 합을 구하시오.

유제 07-2 두 자리 자연수가 있다. 이 수의 가 자리의 숫자의 제곱의 합이 80이고, 일의 자리 숫자와 십의 자리 숫자를 바꾼 수는 처음 수보다 36만큼 크다고 할 때, 처음 수를 구하시오.

02 부정방정식

1 부정방정식의 해법

[1] 부정방정식의 정의

→ 일반적으로 연립방정식에서 방정식의 수는 미지수의 수와 같거나, 아니면 미지수의 수보다 많아야 방정식의 미지수를 구할 수 있다. 그런데 미지수의 수보다 방정식의 수가 적은 방정식이 있는데, 이런 방정식을 **부정방정식** 또는 **부족방정식**이라 한다.

[2] 부정방정식의 해법

→ 부족한 방정식 대신 주어지는 조건을 이용한다.

(1) 정수 조건이 주어지고 $A \times B = $(정수)꼴인 경우

→ 곱이 정수가 되는 모든 경우를 따진다.

(2) 정수 조건이 주어지고 $ax + by + cz = k$꼴인 경우

→ 계수가 가장 큰 항을 기준으로 삼아 분류한다.

(3) 유리수 조건이 주어지고 무리수를 포함하는 경우

→ 무리수가 서로 같을 조건을 이용한다.

(4) 실수 조건이 주어지고 허수를 포함하는 경우

→ 복소수가 서로 같을 조건을 이용한다.

(5) 실수 조건이 주어지고 허수를 불포함하는 경우

→ 완전제곱 또는 판별식을 이용한다.

강의 부정방정식(부족방정식)은 조건에 맞는 해법을 꼭 기억해 두어야 한다!

→
- 조건 有 → 해 : 유한개
- 조건 無 → 해 : 무한개

→ 미지수의 개수 > 방정식의 개수 → 부족방정식 → 조건 이용

有(있을 유)   無(없을 무)

강의 정수 조건이 있는 부정방정식의 해법은 식의 차수에 따라 달라진다!

→ 정수 조건
- 1차 → 최대계수항 기준 분류
- 2차 → 상수를 무시한 인수분해

방정식 $x+2y+3z=10$을 만족하는 양의 정수 x, y, z를 구하시오.

탐구 정수 조건이 주어지고 일차식인 경우에는 계수가 가장 큰 항을 기준으로 분류한다.

풀이 계수가 가장 큰 항인 z의 범위를 구하면

$$0 < 3z \le 7 \text{에서 } 0 < z \le \frac{7}{3} \text{인 양의 정수이므로 } z=1, \ z=2 \text{이다.}$$

i) $z=1$일 때, $x+2y=7$에서

$y=1$이면 $x=5$

$y=2$이면 $x=3$

$y=3$이면 $x=1$

$y=4$이면 모순

ii) $z=2$일 때, $x+2y=4$에서

$y=1$이면 $x=2$

$y=2$이면 모순

$$\therefore \begin{cases} x=1 \\ y=3 \\ z=1 \end{cases} \text{또는} \begin{cases} x=2 \\ y=1 \\ z=2 \end{cases} \text{또는} \begin{cases} x=3 \\ y=2 \\ z=1 \end{cases} \text{또는} \begin{cases} x=5 \\ y=1 \\ z=1 \end{cases}$$

정답 $\begin{cases} x=1 \\ y=3 \\ z=1 \end{cases} \text{또는} \begin{cases} x=2 \\ y=1 \\ z=2 \end{cases} \text{또는} \begin{cases} x=3 \\ y=2 \\ z=1 \end{cases} \text{또는} \begin{cases} x=5 \\ y=1 \\ z=1 \end{cases}$

유제 08-1 양의 정수 x, y에 대하여 $\dfrac{x}{3}+\dfrac{y}{7}=\dfrac{20}{21}$이 성립할 때, $x+y$의 값을 구하시오.

유제 08-2 x, y가 양의 정수일 때, $3x+5y=72$의 해 $(x, \ y)$의 개수를 구하시오.

유제 08-3 다음 두 식을 만족하는 양의 정수 x, y, z를 구하시오.
$$4x-2y+z-7, \ 2x+3y-z-3$$

$x^2 - xy - x + y + 15 = 0$을 만족하는 양의 정수 x, y의 값을 구하시오.

탐구 정수 조건이 주어지고 이차식인 경우에는 상수항을 무시하고 인수분해한다.

풀이 상수를 무시하고 인수분해를 하면

$$x(x-y) - (x-y) = -15$$
$$(x-1)(x-y) = -15 \quad \cdots ①$$

x는 양의 정수이므로

$$x > 0, \ x-1 > -1 \quad \cdots ②$$

①, ②를 만족하는 모든 경우를 생각하면

$x-1$	1	3	5	15
$x-y$	-15	-5	-3	-1

ⅰ) $x-1=1$, $x-y=-15$일 때,

$x=2$, $2-y=-15$에서 $y=17$

ⅱ) $x-1=3$, $x-y=-5$일 때,

$x=4$, $4-y=-5$에서 $y=9$

ⅲ) $x-1=5$, $x-y=-3$일 때,

$x=6$, $6-y=-3$에서 $y=9$

ⅳ) $x-1=15$, $x-y=-1$일 때,

$x=16$, $16-y=-1$에서 $y=17$

$\therefore \begin{cases} x=2 \\ y=17 \end{cases}$ 또는 $\begin{cases} x=4 \\ y=9 \end{cases}$ 또는 $\begin{cases} x=6 \\ y=9 \end{cases}$ 또는 $\begin{cases} x=16 \\ y=17 \end{cases}$

정답 $\begin{cases} x=2 \\ y=17 \end{cases}$ 또는 $\begin{cases} x=4 \\ y=9 \end{cases}$ 또는 $\begin{cases} x=6 \\ y=9 \end{cases}$ 또는 $\begin{cases} x=16 \\ y=17 \end{cases}$

유제 09-1 $a^2 - b^2 = 20$인 자연수 a, b에 대하여 $\dfrac{a}{b}$의 값을 구하시오.

유제 09-2 $x^2 - 2ax + 2a + 4 = 0$의 두 근이 모두 정수일 때, 정수 a의 값을 모두 구하시오.

강의 실수 조건이 있는 이차의 부정방정식은 판별식 또는 완전제곱식을 이용한다.

→ 실수 조건 $\begin{cases} xy항\ 有 \rightarrow 판별식\ 이용 \\ xy항\ 無 \rightarrow 완전제곱\ 이용 \end{cases}$

有(있을 유)   無(없을 무)

기 | 본 | 예 | 제 10

실수 x, y가 $x^2 - 4xy + 5y^2 + 2x - 8y + 5 = 0$을 만족할 때, $x + y$의 값을 구하시오.

탐구   실수 조건이 주어지고 xy항이 있는 경우에는 판별식을 이용하는 것이 편리하다.

풀이   주어진 식을 x에 대하여 내림차순으로 정리하면

$$x^2 - 2(2y-1)x + 5y^2 - 8y + 5 = 0 \qquad \cdots ①$$

x는 실수이므로

$$D/4 = (2y-1)^2 - 5y^2 + 8y - 5 \geq 0$$

$$-y^2 + 4y - 4 \geq 0$$

$$y^2 - 4y + 4 \leq 0$$

$$(y-2)^2 \leq 0$$

$$\therefore\ y = 2$$

$y = 2$를 ①에 대입하여 x의 값을 구하면

$$x = 3$$

따라서 $x + y$의 값을 구하면

$$x + y = 3 + 2 = 5$$

정답   5

유제 10-1 a, b가 실수이고 $a^2 + ab + b^2 = 0$일 때, ab의 값을 구하시오.

유제 10-2   실수 x, y에 대하여 등식 $x^2 - 2xy + 2y^2 + 4x - 6y + 5 = 0$이 성립할 때, $x - y$의 값을 구하시오.

방정식 $2x^2 + 2y^2 - 2x + 2y + 1 = 0$을 만족하는 실수 x, y의 값을 구하시오.

탐구 　실수 조건이 주어지고 xy항이 없는 경우에는 완전제곱으로 고치는 것이 편리하다.

풀이 　주어진 식을 $(\quad)^2 + (\quad)^2 = 0$의 꼴로 고치면

$$2\left(x^2 - x + \frac{1}{4}\right) + 2\left(y^2 + y + \frac{1}{4}\right) = 0$$

$$\left(x - \frac{1}{2}\right)^2 + \left(y + \frac{1}{2}\right)^2 = 0$$

x, y가 실수이므로

$$x - \frac{1}{2} = 0, \ y + \frac{1}{2} = 0$$

$$\therefore \ x = \frac{1}{2}, \ y = -\frac{1}{2}$$

정답 　$x = \dfrac{1}{2}, \ y = -\dfrac{1}{2}$

유제 11-1 　방정식 $2x^2 + 3y^2 - 4x - 12y + 14 = 0$을 만족하는 실수 x, y에 대하여 xy의 값을 구하시오.

유제 11-2 　방정식 $x^2 + 2y^2 + 4x - 8y + 12 = 0$을 만족하는 실수 x, y에 대하여 $x + y$의 값을 구하시오.

유제 11-3 　방정식 $x^2 + 6xy + 10y^2 + 2y + 1 = 0$을 만족하는 실수 x, y의 값을 구하시오.

기|본|예|제 **12**

$(2\sqrt{3}+1)a+(1-\sqrt{3})b=3$을 만족하는 유리수 a, b를 구하시오.

탐구 유리수 조건이 주어지고 $\sqrt{}$를 포함하면 무리수가 서로 같을 조건을 이용한다.

풀이 주어진 식을 유리수 부분과 무리수 부분으로 정리하면

$$2a\sqrt{3}+a+b-b\sqrt{3}=3$$

$$(2a-b)\sqrt{3}+(a+b-3)=0$$

무리수가 서로 같을 조건을 이용하면

$$2a-b=0, \quad a+b=3$$

두 식을 연립하여 a, b를 구하면

$$a=1, \quad b=2$$

정답 $a=1$, $b=2$

유제 12-1 $(\sqrt{2}-1)a+(\sqrt{2}+1)b=2$를 만족하는 유리수 a, b에 대하여 ab의 값을 구하시오.

유제 12-2 $(\sqrt{5}+2)a-(\sqrt{5}+1)b+3\sqrt{5}+1=0$을 만족하는 a, b가 유리수일 때, a, b의 값을 구하시오.

유제 12-3 $(\sqrt{3}+1)x+(\sqrt{3}-1)y=\sqrt{3}+3$을 만족하는 유리수 x, y에 대하여 x^2+y^2의 값을 구하시오.

기|본|예|제 **13**

$(2+3i)z+(3-2i)\bar{z}=2$를 만족하는 복소수 z를 구하시오. (단, $\bar{z}$는 z의 켤레복소수)

탐구 $z=a+bi$, $\bar{z}=a-bi$로 놓고 복소수가 서로 같을 조건을 이용한다.

풀이 $z=a+bi$, $\bar{z}=a-bi$ (a, b는 실수)라 하면

$(2+3i)(a+bi)+(3-2i)(a-bi)=2$

$(2a-3b)+(2b+3a)i+(3a-2b)+(-3b-2a)i=2$

$(5a-5b)+(a-b)i=2$

복소수가 서로 같을 조건을 이용하면

$5a-5b=2$ ⋯ ①

$a-b=0$ ⋯ ②

①, ②를 연립하여 a, b를 구하면 해가 없다.

따라서 주어진 등식을 만족하는 복소수는 없다.

정답 복소수는 없다.

유제 13-1 $x^2+xi+y^2+yi=13+5i$를 만족하는 실수 x, y에 대하여 xy의 값을 구하시오.

유제 13-2 $(2+i)a-(1-i)b=1+5i$를 만족하는 실수 a, b에 대하여 $a-b$의 값을 구하시오.

유제 13-3 $x^2+(1+i)xy+iy^2=24+40i$를 만족하는 실수 x, y를 구하시오.

반복학습 기록란.

가장 좋은 학습방법은 학교에서나 학원에서나 선생님의 강의를 열심히 듣고 여러 번 반복학습하는 것입니다.
지금부터 당장 선생님의 강의를 열심히 듣고 반복! 반복하십시오. 그러면 곧 모든 과목에 자신이 생길 것입니다.

회수	시작이 반!			끝을 봐야!			확인
제1회	년	월	일 부터	년	월	일 까지	
제2회	년	월	일 부터	년	월	일 까지	
제3회	년	월	일 부터	년	월	일 까지	
제4회	년	월	일 부터	년	월	일 까지	
제5회	년	월	일 부터	년	월	일 까지	
제6회	년	월	일 부터	년	월	일 까지	
제7회	년	월	일 부터	년	월	일 까지	
제8회	년	월	일 부터	년	월	일 까지	
제9회	년	월	일 부터	년	월	일 까지	
제10회	년	월	일 부터	년	월	일 까지	

▶ 연습문제 A는 앞에서 배운 기초 단계의 문제이므로 선생님의 도움 없이 스스로 풀어 자신의 실력을 점검해 보도록 하자.

01 연립방정식 $\begin{cases} ax - 2y = 5 \\ 2x + by = 10 \end{cases}$ 의 해가 무수히 많을 때, $a + b$의 값을 구하시오. (단, a, b는 상수)

02 연립방정식 $\begin{cases} 3x + ay = 2 \\ 2x - y = 2 \end{cases}$ 의 해가 없을 때, 상수 a의 값을 구하시오.

03 다음 연립방정식을 만족시키는 x, y에 대하여 $x + y$의 값을 구하시오.
$$\begin{cases} x^2 + 4xy + y^2 = -2 \\ x - y = 2 \end{cases}$$

04 연립방정식 $\begin{cases} x^2 - xy - 2y^2 = 0 \\ x^2 + xy + y^2 = 21 \end{cases}$ 을 푸시오.

05 다음 연립방정식을 푸시오.
$$\begin{cases} x^2 + xy = 21 & \cdots ① \\ y^2 + xy = 28 & \cdots ② \end{cases}$$

06 다음 연립방정식을 푸시오.

$$\begin{cases} x+y=3 & \cdots \ ① \\ y+z=4 & \cdots \ ② \\ z+x=5 & \cdots \ ③ \end{cases}$$

07 다음 연립방정식을 푸시오.

$$\begin{cases} x^2+y^2=5 \\ xy=-2 \end{cases}$$

08 연립방정식 $\begin{cases} x+y=k \\ -x^2+2xy=1 \end{cases}$ 이 오직 한 쌍의 해를 가질 때, 양수 k의 값을 구하시오.

09 넓이가 $48\,\mathrm{cm}^2$이고, 가로의 길이가 세로의 길이의 2배보다 $4\,\mathrm{cm}$ 짧은 직사각형의 둘레의 길이를 구하시오.

10 방정식 $x+2y+3z=10$을 만족하는 양의 정수 x, y, z를 구하시오.

11 $x^2 - xy - x + y + 15 = 0$을 만족하는 양의 정수 x, y의 값을 구하시오.

12 실수 x, y가 $x^2 - 4xy + 5y^2 + 2x - 8y + 5 = 0$을 만족할 때, $x+y$의 값을 구하시오.

13 방정식 $2x^2 + 2y^2 - 2x + 2y + 1 = 0$을 만족하는 실수 x, y의 값을 구하시오.

14 $(2\sqrt{3} + 1)a + (1 - \sqrt{3})b = 3$을 만족하는 유리수 a, b를 구하시오.

15 $(2 + 3i)z + (3 - 2i)\bar{z} = 2$를 만족하는 복소수 z를 구하시오. (단, $\bar{z}$는 z의 켤레복소수)

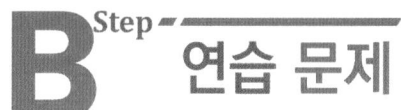

▶ 연습문제 B는 앞에서 배운 문제 중 응용단계의 문제이므로 연습장에
스스로 풀어보고 잘 풀리지 않으면 처음부터 다시 공부한 후 자신이
있을 때 다시 풀어 보도록 하자.

01 연립방정식 $\begin{cases} a(x-y)+2(x+2y)=1 \\ bx-4y=2 \end{cases}$ 의 해가 무수히 많을 때, 상수 a, b의 값을 구하시오.

02 연립방정식 $\begin{cases} ax+2x+5y-1=0 \\ x+ay-2y+1=0 \end{cases}$ 이 해가 없을 때, 상수 a의 값을 구하시오.

03 연립방정식 $\begin{cases} x^2+xy+2y^2=8 \\ x+y=2 \end{cases}$ 를 만족하는 x, y에 대하여 x^2+y^2의 값을 구하시오.

04 연립방정식 $\begin{cases} x^2+y^2=13 \\ x^2-xy+y=1 \end{cases}$ 을 푸시오.

05 연립방정식 $\begin{cases} x^2-3x+2y=0 \\ y^2+2x-3y=0 \end{cases}$ 을 푸시오.

06 연립방정식 $\begin{cases} xy = 6 \\ yz = 2 \\ zx = 3 \end{cases}$ 을 푸시오. (단, x, y, z는 양수)

07 연립방정식 $\begin{cases} x + y + xy = 5 \\ x^2 + y^2 + xy = 7 \end{cases}$ 을 푸시오.

08 연립방정식 $\begin{cases} 2x + y = k \\ x^2 + y^2 = 2 \end{cases}$ 가 실근을 가질 때, 정수 k의 개수를 구하시오.

09 두 자리 자연수가 있다. 이 수의 각 자리의 숫자의 제곱의 합이 80이고, 일의 자리 숫자와 십의 자리 숫자를 바꾼 수는 처음 수보다 36만큼 크다고 할 때, 처음 수를 구하시오.

10 다음 두 식을 만족하는 양의 정수 x, y, z를 구하시오.
$$4x - 2y + z = 7, \quad 2x + 3y - z = 3$$

11 $x^2 - 2ax + 2a + 4 = 0$의 두 근이 모두 정수일 때, 정수 a의 값을 모두 구하시오.

12 실수 x, y에 대하여 등식 $x^2 - 2xy + 2y^2 + 4x - 6y + 5 = 0$이 성립할 때, $x - y$의 값을 구하시오.

13 방정식 $x^2 + 6xy + 10y^2 + 2y + 1 = 0$을 만족하는 실수 x, y의 값을 구하시오.

14 $(\sqrt{5} + 2)a - (\sqrt{5} + 1)b + 3\sqrt{5} + 1 = 0$을 만족하는 a, b가 유리수일 때, a, b의 값을 구하시오.

15 $x^2 + xi + y^2 + yi = 13 + 5i$를 만족하는 실수 x, y에 대하여 xy의 값을 구하시오.

MEMO

V 부등식

P A R T

01

연립일차부등식

명언

어리석은 자는 멀리서 행복을 찾고,
현명한 자는 자신의 발치에서 행복을 키워간다.
- 제임스 오펜하임 -

1 부등식의 기초

[1] 부등식의 정의

➜ 수나 식의 값의 대소 관계를 부등호 $>$, $\geq$, $<$, $\leq$를 써서 나타낸 식을 **부등식**이라 한다.

[2] 부등호의 기본 성질

(1) 같은 수를 더하거나 빼도 부등호의 방향은 변하지 않는다.

$a > b \rightarrow a+c > b+c,\ a-c > b-c$

(2) 음수로 나누거나, 음수를 곱하면 부등호의 방향이 바뀐다.

$a > b \rightarrow ma < mb,\ \dfrac{a}{m} < \dfrac{b}{m}$ (단, $m < 0$)

(3) 같은 부호일 때, 역수를 취하면 부등호의 방향이 바뀐다.

$a > b \rightarrow \dfrac{1}{a} < \dfrac{1}{b}$ (단, a, b는 같은 부호)

[3] $a < x < b,\ c < y < d$의 사칙연산

➜ a, b, c, d가 양수일 때

(1) $a+c < x+y < b+d$ (2) $a-d < x-y < b-c$

(3) $a \times c < x \times y < b+d$ (4) $a \div d < x \div y < b \div c$

체크 양수 조건이 없을 때, xy와 $x \div y$의 범위

$a < x < b,\ c < y < d$일 때

① xy의 범위는 ac, ad, bc, bd 중 최솟값과 최댓값을 이용한다.

② $x \div y$의 범위는 $a \div c$, $a \div d$, $b \div c$, $b \div d$ 중 최솟값과 최댓값을 이용한다.

강의 부등호의 방향 변화는 역수를 취하거나 음수를 곱하거나 나눌 때 주의해야 한다!

① 역수 → 부등호 ┌ 同부호 → 변화
                     └ 異부호 → 불변

보기 $-2 > -3$ → 동부호 → $-\dfrac{1}{2} < -\dfrac{1}{3}$ (부등호 변화)

② 음수 → $\times$ or $\div$ → 부등호 변화

주의 $-3a > 9$ → $a < -3$ (부등호 변화)

同(같을 동)   異(다를 이)

기|본|예|제 **01**

$-3 \leq x \leq -2$일 때, $\dfrac{1}{4-x}$의 값의 범위를 구하시오.

탐구 x의 범위를 이용하여 $-x$, $4-x$, $\dfrac{1}{4-x}$의 범위를 차례로 구한다.

풀이 $-3 \leq x \leq -2$에서 $2 \leq -x \leq 3$ $6 \leq 4-x \leq 7$

$\therefore \ \dfrac{1}{7} \leq \dfrac{1}{4-x} \leq \dfrac{1}{6}$

정답 $\dfrac{1}{7} \leq \dfrac{1}{4-x} \leq \dfrac{1}{6}$

유제 **01-1** $1 \leq x \leq 3$일 때, $2-3x$의 값의 범위를 구하시오.

유제 **01-2** $2 \leq 4-2x \leq 8$일 때, $x+\dfrac{1}{3}$의 값의 최댓값과 최솟값의 차를 구하시오.

강의 $\begin{bmatrix} a < x < b \\ c < y < d \end{bmatrix}$의 가(+)와 승(×), 감(−)과 계(÷)는 서로 방법이 같다!

① $a+c < x+y < b+d$ ⎱ 실수조건
② $a-d < x-y < b-c$ ⎰

③ $a \times c < x \times y < b \times d$ ⎱ 양수조건
④ $a \div d < x \div y < b \div c$ ⎰

주의 ① 양수 조건이 없을 때, 곱과 몫의 범위는 최솟값과 최댓값을 이용해야 한다.

$\Rightarrow$ 실수조건 $\begin{bmatrix} \text{최소} < x \times y < \text{최대} \\ \text{최소} < x \div y < \text{최대} \end{bmatrix}$

② x, y가 서로 상관성이 있으면 가감승계는 불가능하다.
③ 양쪽에 등호가 있을 때만 등호를 붙인다.

기|본|예|제 02

$-2 < P < 6$, $3 < Q < 4$일 때, 다음을 구하시오.

(1) $P+Q$ (2) $P-Q$ (3) $P \times Q$ (4) $P \div Q$

탐구 $a < x < b$, $c < y < d$의 사칙연산에서 a, b, c, d가 양수라는 조건이 없을 때,

$x \times y$, $x \div y$의 경우에는 최댓값, 최솟값을 이용해야 한다.

① 최솟값 $< x \times y <$ 최댓값   ② 최솟값 $< x \div y <$ 최댓값

풀이   (1) $-2+3 < P+Q < 6+4$

$\therefore 1 < P+Q < 10$

(2) $-2-4 < P-Q < 6-3$

$\therefore -6 < P-Q < 3$

(3) $P \times Q$의 모든 경우를 조사하면

$-2 \times 3 = -6$, $-2 \times 4 = -8$ (최솟값), $6 \times 3 = 18$, $6 \times 4 = 24$ (최댓값)

최댓값과 최솟값을 찾아 $P \times Q$의 범위를 구하면

$\therefore -8 < P \times Q < 24$

(4) $P \div Q$의 모든 경우를 조사하면

$-2 \div 3 = -\dfrac{2}{3}$ (최솟값), $-2 \div 4 = -\dfrac{1}{2}$, $6 \div 3 = 2$ (최댓값), $6 \div 4 = \dfrac{3}{2}$

최댓값과 최솟값을 찾아 $P \div Q$의 범위를 구하면

$\therefore -\dfrac{2}{3} < P \div Q < 2$

정답   (1) $1 < P+Q < 10$ (2) $-6 < P-Q < 3$

(3) $-8 < P \times Q < 24$ (4) $-\dfrac{2}{3} < P \div Q < 2$

유제 02-1 $1 < x < 2$, $2 < y < 4$일 때, $-2x+y$의 값의 범위를 구하시오.

유제 02-2 $-1 < a < 3$, $-3 < b < 2$일 때, $ab+2b$의 값의 범위를 구하시오.

2 일차부등식의 기본해법

첫째, 미지항은 좌측에, 상수항은 우측에 모은다.

둘째, 미지항의 계수의 양음을 판별한다.

셋째, 양변을 미지항의 계수로 나눈다.

강의 **일차부등식의 기본 해법은 미지항은 좌측에, 상수항은 우측에 모은다!**

→ 미지항은 좌측에, 상수항은 우측에 모아라!

→ 미지항 > 상수항, 미지항 < 상수항

→ ÷ ┌ 계수 ⊕(양수) → 부등호 불변

    └ 계수 ⊖(음수) → 부등호 변화

기 | 본 | 예 | 제 03

다음 부등식을 푸시오.

(1) $2x - 3 > 0$ (2) $-2x - 3 < 0$

탐구 미지의 항은 좌측에, 상수항은 우측에!

풀이 (1) $2x > 3$ $\therefore \ x > \dfrac{3}{2}$ (부등호 불변)

        (2) $-2x < 3$ $\therefore \ x > -\dfrac{3}{2}$ (부등호 변화)

정답 (1) $x > \dfrac{3}{2}$ (2) $x > -\dfrac{3}{2}$

유제 03-1 다음 부등식을 푸시오.

     (1) $3x - 2 < 5x + 4$ (2) $\dfrac{x}{2} + \dfrac{1}{3} \geq \dfrac{x}{3} - \dfrac{1}{2}$

유제 03-2 부등식 $2(x - 3) \leq 0.5(2x - 1)$을 푸시오.

01 문자계수를 포함한 일차부등식

1 문자계수를 포함한 일차부등식의 해법

첫째, 미지항은 좌측에, 상수항은 우측에 모은다.

둘째, 문자계수를 세 가지 경우로 분리한다.

[1] $ax > b$의 해법

　(1) $a > 0$일 때, $x > \dfrac{b}{a}$ (부등호 방향 불변)　　(2) $a < 0$일 때, $x < \dfrac{b}{a}$ (부등호 방향 변화)

　(3) $a = 0$일 때, $b \geq 0$: 해는 없다.

　　　　　　　　　 $b < 0$: x는 모든 실수

[2] $ax < b$의 해법

　(1) $a > 0$일 때, $x < \dfrac{b}{a}$ (부등호 방향 불변)　　(2) $a < 0$일 때, $x > \dfrac{b}{a}$ (부등호 방향 변화)

　(3) $a = 0$일 때, $b > 0$: x는 모든 실수

　　　　　　　　　 $b \leq 0$: 해는 없다.

강의 **문자계수 1차부등식은 3가지의 경우로 분리한다!**

　→ **경우분리** ┌ $a > 0$: **부등호 불변**

　　　　　　　├ $a < 0$: **부등호 변화**

　　　　　　　└ $a = 0$

기|본|예|제 01

부등식 $ax - 2 > 2x - a$를 푸시오. (단, a는 상수)

탐구　부등식에 문자계수가 있으면 세 가지 경우로 나누어 푼다.

풀이　주어진 부등식을 정리하면

　　　$ax - 2x > -a + 2$

　　　$(a-2)x > -(a-2)$

　　ⅰ) $a - 2 > 0$일 때, $x > -1$

　　ⅱ) $a - 2 < 0$일 때, $x < -1$

　　ⅲ) $a - 2 = 0$일 때, $0x > 0$이므로 해가 없다.

정답　ⅰ) $a > 2$일 때, $x > -1$　ⅱ) $a < 2$일 때, $x < -1$　ⅲ) $a = 2$일 때, 해가 없다.

부등식 $ax+2>3x+2a$의 해가 $x<\dfrac{2a-2}{a-3}$일 때, 상수 a의 범위를 구하시오.

$a+b<0$이고 $a=2b$일 때, 부등식 $(a-b)x+2a-b>0$을 푸시오.

기 | 본 | 예 | 제 **02**

부등식 $(a+2b)x+a-b<0$의 해가 $x>1$일 때, 부등식 $(a-b)x+a-4b<0$을 푸시오.

탐구 주어진 부등식의 부등호와 해의 부등호의 방향을 비교하여 x의 계수의 부호를 결정하고 부등식을 푼다.

풀이 $(a+2b)x<b-a$의 해가 $x>1$이므로

$$a+2b<0 \quad \cdots ①$$

부등식을 풀면 $x>\dfrac{b-a}{a+2b}$

$$\therefore \ \dfrac{b-a}{a+2b}=1 \qquad \cdots ②$$

②의 식을 정리하면

$$b-a=a+2b \qquad \therefore \ b=-2a \qquad \cdots ③$$

③을 ①에 대입하면 $a>0$

③을 구하는 부등식에 대입하여 풀면

$$(a+2a)x+a+8a<0 \qquad 3ax<-9a$$

$a>0$이므로 $x<-3$

정답 $x<-3$

부등식 $(a+b)x+2a-b>0$의 해가 $x>\dfrac{1}{2}$일 때, 부등식 $(a-b)x-3a+b<0$의 해를 구하시오.

부등식 $(a+b)x+2a-3b<0$의 해가 $x>-\dfrac{1}{3}$일 때, $(a-3b)x+b-2a>0$을 푸시오.

02 연립일차부등식

1 연립일차부등식

[1] 연립부등식의 기본해법

첫째, 각 부등식의 해를 구한다.

둘째, 구한 해를 수직선 위에 나타낸다.

셋째, 동시에 만족하는 x의 범위를 구한다.

[2] 부등식 $A < B < C$의 의미

➔ $A < B$이고 $B < C$

[3] 등식과 부등식의 연립

➔ 등식을 한 문자에 대하여 정리한 후 부등식에 대입하여 범위를 구한다.

강의 **연립일차부등식의 해법은 수직선 위에 도시하여 공통범위를 구한다!**

첫째, 각 부등식의 해를 구한다.

둘째, 수직선 위에 도시한다.

셋째, 공통범위가 답이다.

기|본|예|제 03

다음 연립부등식을 푸시오.

$$\begin{cases} 2x+3 \geq 1 \\ 3x-2 \geq 4x-5 \end{cases}$$

탐구 부등식 풀기 → 수직선에 도시 → 공통범위

풀이 $\begin{cases} 2x+3 \geq 1 \qquad 2x \geq -2 \quad x \geq -1 \quad \cdots ① \\ 3x-2 \geq 4x-5 \quad -x \geq -3 \quad x \leq 3 \quad \cdots ② \end{cases}$

①, ②를 수직선에 나타내면

$\therefore \ -1 \leq x \leq 3$

정답 $-1 \leq x \leq 3$

유제 03-1 다음 연립부등식을 푸시오.

$$\begin{cases} 2x - 3(x-2) > 4(x-1) \\ 2(x-1) - 5x \le -(x-2) \end{cases}$$

유제 03-2 다음 연립부등식을 푸시오.

$$\begin{cases} 0.1x + 0.5 \ge -0.2x - 0.4 \\ x + \dfrac{1}{2} \ge 2x - \dfrac{1}{5} \end{cases}$$

기|본|예|제 **04**

다음 부등식을 푸시오.

$$x - 2 < -2x + 1 \le 2x + 5$$

탐구 $A < B \le C \rightarrow A < B$와 $B \le C$로 분리하여 푼다.

풀이
$$\begin{cases} x - 2 < -2x + 1 \quad 3x < 3 \quad x < 1 \quad \cdots ① \\ -2x + 1 \le 2x + 5 \quad -4x \le 4 \quad x \ge -1 \quad \cdots ② \end{cases}$$

①, ②를 수직선에 나타내면

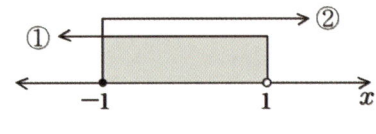

$$\therefore \ -1 \le x < 1$$

정답 $-1 \le x < 1$

유제 04-1 다음 부등식을 푸시오.

$$2x - 3 < 4x + 5 < 6x - 7$$

유제 04-2 다음 부등식을 푸시오.

$$\dfrac{1}{2}x - 1 < \dfrac{2}{5}x + 1 \le 0.3x$$

특수한 해를 갖는 연립일차부등식은 수직선 위에 도시하여 판단한다!

① $\begin{cases} x \le a \\ x \ge a \end{cases} \to$ 해는 $x = a$

② $\begin{cases} x \le a \\ x > a \end{cases}$ 또는 $\begin{cases} x \ge a \\ x < a \end{cases}$ 또는 $\begin{cases} x < a \\ x > a \end{cases}$ 또는 $\begin{cases} x \ge a \\ x \le b \end{cases} (a > b) \to$ 해는 없다

> **주의** 이해하기 어려울 때는 반드시 수직선 위에 도시하여 판단해야 한다!

기 | 본 | 예 | 제 05

다음 연립부등식을 푸시오.

(1) $\begin{cases} 3x - 4 \le x \\ 2x - 3 \le 3x - 5 \end{cases}$

(2) $\begin{cases} 4 - 2(x+1) > x - 13 \\ 2x - 3 \ge x + 2 \end{cases}$

탐구 각각의 부등식을 풀어 수직선에 나타내고 해를 구한다.

풀이 (1) 각 부등식을 풀면

$\begin{cases} 3x - 4 \le x \quad\quad 2x \le 4 \quad\quad \therefore \ x \le 2 \quad\quad \cdots ① \\ 2x - 3 \le 3x - 5 \quad -x \le -2 \quad \therefore \ x \ge 2 \quad\quad \cdots ② \end{cases}$

①, ②를 수직선에 나타내면

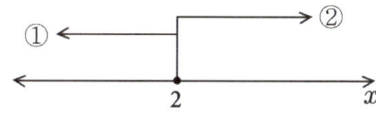

$\therefore \ x = 2$

(2) 각 부등식을 풀면

$\begin{cases} 4 - 2(x+1) > x - 13 \quad \therefore \ x < 5 \quad \cdots ① \\ 2x - 3 \ge x + 2 \quad\quad\quad\quad \therefore \ x \ge 5 \quad \cdots ② \end{cases}$

①, ②를 수직선에 나타내면

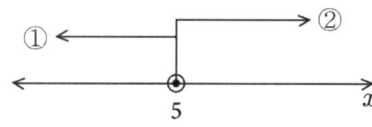

$\therefore$ 해는 없다.

정답 (1) $x = 2$ (2) 해는 없다.

유제 05-1 $2x - 1 < x - 5 \le 3x + 3$을 푸시오.

유제 05-2 연립부등식 $\begin{cases} 0.1x + 0.4 \ge 0.3x - 0.2 \\ \dfrac{1}{5}x + \dfrac{1}{2} \le \dfrac{2}{5}x - \dfrac{1}{10} \end{cases}$ 을 푸시오.

기|본|예|제 **06**

연립부등식 $\begin{cases} 2x+3 > 3x+a \\ 3x-2 < 4x-b \end{cases}$ 의 해가 $-3 < x < 2$일 때, 상수 a, b에 대하여 $a+b$의 값을 구하시오.

탐구 각 부등식의 해와 주어진 해를 비교하고 미지수의 값을 구한다.

풀이 각 부등식의 해를 구하면

$$\begin{cases} 2x+3 > 3x+a \quad -x > a-3 \qquad \therefore\ x < -a+3 \qquad \cdots ① \\ 3x-2 < 4x-b \quad -x < 2-b \qquad \therefore\ x > b-2 \qquad \cdots ② \end{cases}$$

연립부등식의 해가 $-3 < x < 2$가 되도록 ①, ②를 수직선에 나타내면

$b-2 = -3$이므로 $\quad b = -1$

$3-a = 2$이므로 $\quad a = 1$

$\therefore\ a+b = 0$

정답 0

유제 **06-1** 연립부등식 $\begin{cases} 2(x+1) \geq x-a \\ x < \dfrac{1}{3}x+b \end{cases}$ 의 해가 $-\dfrac{5}{2} \leq x < 6$일 때, 상수 a, b에 대하여 ab의 값을 구하시오.

유제 **06-2** 연립부등식 $\begin{cases} 0.1x-0.3 > 0.2x+a \\ 0.02x+0.1 < 0.3x+0.03 \end{cases}$ 의 해가 $b < x < 7$일 때, 상수 a, b의 값을 구하시오.

기 | 본 | 예 | 제 **07**

연립부등식 $\begin{cases} 4x+1 \leq 3x-2 \\ x+a > 2 \end{cases}$ 가 해를 갖지 않도록 하는 실수 a의 최댓값을 구하시오.

탐구 각 부등식을 푼 후 공통부분이 없도록 하는 a의 범위를 구한다.

풀이 각 부등식을 풀면

$4x+1 \leq 3x-2$ $\qquad \therefore \ x \leq -3$ $\qquad \cdots ①$

$x+a > 2$ $\qquad \therefore \ x > 2-a$ $\qquad \cdots ②$

공통부분이 없도록 ①, ②를 수직선에 나타내면

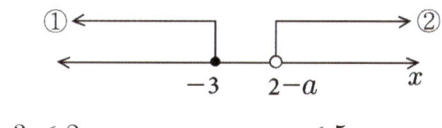

$-3 \leq 2-a$ $\qquad \therefore \ a \leq 5$

따라서 실수 a의 최댓값은 5이다.

정답 5

유제 07-1

연립부등식 $\begin{cases} 2x-3 \leq 3(x+1) \\ \dfrac{x+1}{2} \leq \dfrac{x}{3}-a \end{cases}$ 가 해를 갖도록 하는 실수 a의 값의 범위를 구하시오.

유제 07-2

연립부등식 $\begin{cases} 2(x-1)+2 \geq 3x-2 \\ 0.2(x-5) \geq k-\dfrac{1}{10}x \end{cases}$ 가 해를 갖지 않도록 하는 정수 k의 최솟값을 구하시오.

연립부등식 $\begin{cases} 5(x-3) > 2x-3 \\ 3x-7 \le x-k \end{cases}$ 를 만족하는 정수 x가 1개일 때, 실수 k의 값의 범위를 구하시오.

탐구 각 부등식을 푼 후 공통부분에 정수가 1개 존재하도록 k의 범위를 구한다.

풀이 각 부등식을 풀면

$$\begin{cases} 5(x-3) > 2x-3 \qquad 3x > 12 \qquad \therefore \ x > 4 \qquad \cdots ① \\ 3x-7 \le x-k \qquad 2x \le 7-k \qquad \therefore \ x \le \dfrac{7-k}{2} \qquad \cdots ② \end{cases}$$

연립부등식을 만족하는 정수가 1개 존재하도록 ①, ②를 수직선에 나타내면

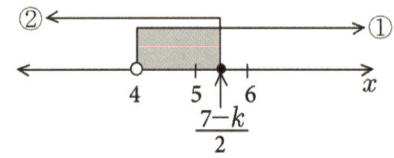

$$5 \le \frac{7-k}{2} < 6 \qquad 10 \le 7-k < 12 \qquad 3 \le -k < 5$$

$$\therefore \ -5 < k \le -3$$

정답 $-5 < k \le -3$

유제 08-1 부등식 $2x-1 \le 5x+1 < x+a$를 만족하는 정수 x가 2개일 때, 상수 a의 값의 범위를 구하시오.

유제 08-2 부등식 $-x+3 \le 2x-3 < x+k$가 해가 없을 때, 실수 k의 최댓값을 구하시오.

유제 08-3 부등식 $-6x-5k \le 4x-5 \le -2x+3$을 만족하는 모든 정수 x의 값의 합이 0이 되도록 상수 k의 값의 범위를 구하시오.

2 절댓값을 포함한 일차부등식

첫째, (절댓값 안)=0이 되는 값을 구한다.

둘째, 위에서 구한 x를 경계로 하여 구간을 나눈다.

셋째, 위에서 정한 구간에서 절댓값 기호를 없애고 해를 구한다.

강의 **절댓값 부등식(Ⅰ)은 공식을 이용할 수 있는 경우이다!**

① $|x| < a \Leftrightarrow -a < x < a$

② $|x| > a \Leftrightarrow x < -a \text{ or } x > a$

③ $a < |x| < b \Leftrightarrow a < x < b, \ -a > x > -b$

주의 다음 부등식의 해는 자주 사용되는 것이므로 음미해두자.

(1) $|x| \geq 0 \rightarrow x$는 모든 실수

$|x| > 0 \rightarrow x \neq 0$인 모든 실수

(2) $|x| \leq 0 \rightarrow x = 0$

$|x| < 0 \rightarrow$ 해는 없다.

(3) $|x| > -3 \rightarrow x$는 모든 실수

$|x| < -3 \rightarrow$ 해는 없다.

기 | 본 | 예 | 제 09

다음 부등식을 푸시오.

(1) $|x-2| < 3$ (2) $|x-2| > 3$ (3) $3 < |x-2| < 4$

탐구 ① $|x| < a \rightarrow -a < x < a$

② $|x| > a \rightarrow x < -a, \ x > a$

③ $a < |x| < b \rightarrow a < x < b, \ -a > x > -b$

풀이 (1) $|x-2| < 3$

$-3 < x-2 < 3$ $\therefore \ -1 < x < 5$

(2) $|x-2| > 3$

$x-2 < -3, \ x-2 > 3$ $\therefore \ x < -1, \ x > 5$

(3) $3 < |x-2| < 4$

$3 < x-2 < 4, \ -3 > x-2 > -4$ $\therefore \ 5 < x < 6, \ -2 < x < -1$

정답 (1) $-1 < x < 5$ (2) $x < -1, \ x > 5$ (3) $5 < x < 6, \ -2 < x < -1$

유제 09-1 다음 부등식을 푸시오.

(1) $|x| < 1$ 　　　　　 (2) $|-x| > 1$ 　　　　　 (3) $1 < |-x+2| < 2$

유제 09-2 $|x+a| \leq b$의 해가 $-3 \leq x \leq 1$일 때, 상수 a, b에 대하여 ab의 값을 구하시오. (단, $b > 0$)

강의 **절댓값 부등식(Ⅱ)는 공식을 이용할 수 없는 경우로 구간을 분리하여 푼다!**

→ $| \ | = 0 \,(n개) \rightarrow$ 구간$(n+1개)$

→ 구간 풀이의 공통범위들의 합범위가 답이다.

기 | 본 | 예 | 제 **10**

부등식 $|x-1| < 2x-5$를 푸시오.

탐구 (절댓값 안)$=0$이 되는 x값을 경계로 구간을 나누어 해를 구한다.

풀이 (절댓값 안)$=0$인 x의 값을 구하면

　　$x-1=0$ 　∴ $x=1$

$x=1$을 경계로 구간을 나누어 부등식을 풀면

i) $x \geq 1$일 때

　　$x-1 < 2x-5$ 　　$-x < -4$ 　　∴ $x > 4$

ii) $x < 1$일 때

　　$-x+1 < 2x-5$ 　$-3x < -6$ 　　∴ $x > 2$

　　$x < 1$이므로 해가 없다.

i), ii)의 합범위를 구하면

　　$x > 4$

정답 $x > 4$

유제 10-1 부등식 $|x+2| < 2x+1$을 푸시오.

유제 10-2 부등식 $|2x+1| > 4x-1$을 푸시오.

부등식 $|x-7|+|x-9|<20$을 만족시키는 정수 x의 최댓값과 최솟값의 차를 구하시오.

탐구 (절댓값 안)$=0$이 되는 x값을 경계로 구간을 나누어 해를 구한다.

풀이 (절댓값 안)$=0$이 되는 x의 값을 구하면

$$x-7=0, \ x-9=0 \qquad \therefore \ x=7, \ x=9$$

$x=7, \ x=9$를 경계로 구간을 나누어 부등식을 풀면

 ⅰ) $x<7$일 때

  $-(x-7)-(x-9)<20$

  $-x+7-x+9<20 \qquad -2x<4$

   $\therefore \ x>-2$

  $x<7$ 이므로 $-2<x<7$

 ⅱ) $7 \le x<9$일 때

  $x-7-(x-9)<20$

  $x-7-x+9<20 \qquad 0x<22$

    $\therefore \ x$는 모든 실수

   $\therefore \ 7 \le x<9$

 ⅲ) $x \ge 9$일 때

  $x-7+x-9<20 \qquad 2x<36$

  $\therefore \ x<18$

  $x \ge 9$이므로 $9 \le x<18$

 ⅰ), ⅱ), ⅲ)의 합범위를 구하면

  $-2<x<18$

 따라서 부등식을 만족하는 정수 x의 최댓값은 17, 최솟값은 -1이므로 구하는 값은

  $17-(-1)=18$

정답 18

유제 11-1 부등식 $2|x-1|+3|x+1|<6$을 푸시오.

유제 11-2 부등식 $|2x-1|+|x+1|<4$를 푸시오.

3 연립일차부등식의 응용

첫째, 구하는 것을 미지수로 설정한다.
둘째, 주어진 조건을 활용하여 식을 세운다.
셋째, 연립부등식을 풀어 원하는 미지수의 범위를 구한다.

> **강의** 연립부등식의 응용문제는 조건에 맞도록 미지수를 설정하여 연립방정식을 세운다!
>
> 첫째 – 미지수 설정
>
> 둘째 – 조건 이용 부등식 작성
>
> 셋째 – 부등식 풀이 검산

기|본|예|제 12

한 자루에 200원인 연필과 한 자루에 1000원인 볼펜을 섞어서 10자루를 사려고 한다. 전체 금액이 5200원 이상 6800원 이하가 되도록 할 때, 살 수 있는 연필의 최대 개수를 구하시오.

탐구 구하려고 하는 연필의 수를 x로 놓고 식을 세워 계산한다.

풀이 연필의 개수를 x라 하면 볼펜의 개수는 $10-x$이다.

주어진 조건에 맞게 식을 세우면

$$5200 \leq 200x + 1000(10-x) \leq 6800 \qquad 26 \leq x + 5(10-x) \leq 34$$

각 부등식을 풀면

$$26 \leq x + 5(10-x) \text{에서 } 4x \leq 24 \qquad \therefore \ x \leq 6 \qquad \cdots ①$$

$$x + 5(10-x) \leq 34 \text{에서 } -4x \leq -16 \qquad \therefore \ x \geq 4 \qquad \cdots ②$$

①, ②를 수직선에 나타내면

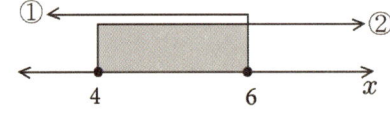

$$4 \leq x \leq 6$$

따라서 살 수 있는 연필의 최대 개수는 6자루이다.

✔ 정답 6자루

유제 12-1 삼각형의 세 변의 길이가 $x-1$, $x+1$, $x+4$일 때, 실수 x의 값의 범위를 구하시오.

유제 12-2 강당에서 학생들에게 좌석을 배정하려고 한다. 한 의자에 5명씩 앉으면 9명의 좌석이 부족하고, 6명씩 앉으면 의자가 5개가 남는다고 할 때, 학생 수의 범위를 구하시오.

반복학습 기록란.

가장 좋은 학습방법은 학교에서나 학원에서나 선생님의 강의를 열심히 듣고 여러 번 반복학습하는 것입니다.
지금부터 당장 선생님의 강의를 열심히 듣고 반복! 반복하십시오. 그러면 곧 모든 과목에 자신이 생길 것입니다.

회수	시작이 반!			끝을 봐야!			확인
제1회	년	월	일 부터	년	월	일 까지	
제2회	년	월	일 부터	년	월	일 까지	
제3회	년	월	일 부터	년	월	일 까지	
제4회	년	월	일 부터	년	월	일 까지	
제5회	년	월	일 부터	년	월	일 까지	
제6회	년	월	일 부터	년	월	일 까지	
제7회	년	월	일 부터	년	월	일 까지	
제8회	년	월	일 부터	년	월	일 까지	
제9회	년	월	일 부터	년	월	일 까지	
제10회	년	월	일 부터	년	월	일 까지	

▶ 연습문제 A는 앞에서 배운 기초 단계의 문제이므로 선생님의 도움 없이 스스로 풀어 자신의 실력을 점검해 보도록 하자.

01 $-3 \leq x \leq -2$일 때, $\dfrac{1}{4-x}$의 값의 범위를 구하시오.

02 $-2 < P < 6$, $3 < Q < 4$일 때, 다음을 구하시오.
(1) $P+Q$ (2) $P-Q$ (3) $P \times Q$ (4) $P \div Q$

03 다음 부등식을 푸시오.
(1) $3x-2 < 5x+4$ (2) $\dfrac{x}{2}+\dfrac{1}{3} \geq \dfrac{x}{3}-\dfrac{1}{2}$

04 부등식 $ax-2 > 2x-a$를 푸시오. (단, a는 상수)

05 부등식 $(a+b)x+2a-b > 0$의 해가 $x > \dfrac{1}{2}$일 때, 부등식 $(a-b)x-3a+b < 0$의 해를 구하시오.

06 다음 연립부등식을 푸시오.
$$\begin{cases} 2x+3 \geq 1 \\ 3x-2 \geq 4x-5 \end{cases}$$

07 다음 부등식을 푸시오.
$$x-2 < -2x+1 \leq 2x+5$$

08 다음 연립부등식을 푸시오.

(1) $\begin{cases} 3x - 4 \le x \\ 2x - 3 \le 3x - 5 \end{cases}$ 　　　　　　(2) $\begin{cases} 4 - 2(x+1) > x - 13 \\ 2x - 3 \ge x + 2 \end{cases}$

09 연립부등식 $\begin{cases} 2x + 3 > 3x + a \\ 3x - 2 < 4x - b \end{cases}$ 의 해가 $-3 < x < 2$일 때, 상수 a, b에 대하여 $a+b$의 값을 구하시오.

10 연립부등식 $\begin{cases} 4x + 1 \le 3x - 2 \\ x + a > 2 \end{cases}$ 가 해를 갖지 않도록 하는 실수 a의 최댓값을 구하시오.

11 연립부등식 $\begin{cases} 5(x-3) > 2x - 3 \\ 3x - 7 \le x - k \end{cases}$ 를 만족하는 정수 x가 1개일 때, 실수 k의 값의 범위를 구하시오.

12 다음 부등식을 푸시오.

(1) $|x-2| < 3$ 　　　　(2) $|x-2| > 3$ 　　　　(3) $3 < |x-2| < 4$

13 부등식 $|x-1| < 2x - 5$를 푸시오.

14 한 자루에 200원인 연필과 한 자루에 1000원인 볼펜을 섞어서 10자루를 사려고 한다. 전체 금액이 5200원 이상 6800원 이하가 되도록 할 때, 살 수 있는 연필의 최대 개수를 구하시오.

▶ 연습문제 B는 앞에서 배운 문제 중 응용단계의 문제이므로 연습장에 스스로 풀어보고 잘 풀리지 않으면 처음부터 다시 공부한 후 자신이 있을 때 다시 풀어 보도록 하자.

01 $2 \leq 4 - 2x \leq 8$일 때, $x + \dfrac{1}{3}$의 값의 최댓값과 최솟값의 차를 구하시오.

02 $-1 < a < 3$, $-3 < b < 2$일 때, $ab + 2b$의 값의 범위를 구하시오.

03 부등식 $2(x-3) \leq 0.5(2x-1)$을 푸시오.

04 $a + b < 0$이고 $a = 2b$일 때, 부등식 $(a-b)x + 2a - b > 0$을 푸시오.

05 부등식 $(a+2b)x + a - b < 0$의 해가 $x > 1$일 때, 부등식 $(a-b)x + a - 4b < 0$을 푸시오.

06 다음 연립부등식을 푸시오.

$$\begin{cases} 0.1x + 0.5 \geq -0.2x - 0.4 \\ x + \dfrac{1}{2} \geq 2x - \dfrac{1}{5} \end{cases}$$

07 다음 부등식을 푸시오.

$$\dfrac{1}{2}x - 1 < \dfrac{2}{5}x + 1 \leq 0.3x$$

08 연립부등식 $\begin{cases} 0.1x + 0.4 \geq 0.3x - 0.2 \\ \dfrac{1}{5}x + \dfrac{1}{2} \leq \dfrac{2}{5}x - \dfrac{1}{10} \end{cases}$ 을 푸시오.

09 연립부등식 $\begin{cases} 2(x+1) \geq x - a \\ x < \dfrac{1}{3}x + b \end{cases}$ 의 해가 $-\dfrac{5}{2} \leq x < 6$일 때, 상수 a, b에 대하여 ab의 값을 구하시오.

10 연립부등식 $\begin{cases} 2x - 3 \leq 3(x+1) \\ \dfrac{x+1}{2} \leq \dfrac{x}{3} - a \end{cases}$ 가 해를 갖도록 하는 실수 a의 값의 범위를 구하시오.

11 부등식 $-x + 3 \leq 2x - 3 < x + k$가 해가 없을 때, 실수 k의 최댓값을 구하시오.

12 $|x+a| \leq b$의 해가 $-3 \leq x \leq 1$일 때, 상수 a, b에 대하여 $a+b$의 값을 구하시오.

(단, $b > 0$)

13 부등식 $|x-7| + |x-9| < 20$을 만족시키는 정수 x의 최댓값과 최솟값의 차를 구하시오.

14 강당에서 학생들에게 좌석을 배정하려고 한다. 한 의자에 5명씩 앉으면 9명의 좌석이 부족하고, 6명씩 앉으면 의자기 5개가 남는다고 할 때, 학생 수의 범위를 구하시오.

P A R T

02

이차부등식

명언

내가 헛되이 보낸 오늘은 어제 죽어간 이들이 그토록 바라던 하루이다.
- 소포클레스 -

〈이차방정식과 이차함수와 이차부등식의 비교 분석〉

□ 그래프는 편의상 $a > 0$인 경우만 인용하기로 한다.

□ 부등식은 편의상 $ax^2 + bx + c > 0$인 경우만 인용하기로 한다.

이차방정식	이차함수	이차부등식
$ax^2 + bx + c = 0$	$y = ax^2 + bx + c$	$ax^2 + bx + c \gtreqless 0$
① 서로 다른 두 실근 $a(x-\alpha)(x-\beta) = 0$ 실근 $x = \alpha,\ \beta$	① x축과 두 점에서 만난다. $y = a(x-\alpha)(x-\beta)$ 교점 $(\alpha,\ 0),\ (\beta,\ 0)$	① $D = b^2 - 4ac > 0$ $a(x-\alpha)(x-\beta) > 0$ 범위(해) $x < \alpha$ 또는 $x > \beta$
② 중근 $a(x-\alpha)^2 = 0$ 중근 $x = \alpha$	② x축과 접한다. $y = a(x-\alpha)^2$ 접점 $(\alpha,\ 0)$	② $D = b^2 - 4ac = 0$ $a(x-\alpha)^2 > 0$ 범위(해) $x \neq \alpha$인 모든 실수
③ 허근 $ax^2 + bx + c = 0$ 허근 $x = \dfrac{-b \pm \sqrt{b^2 - 4ac}}{2a}$	③ x축과 만나지 않는다. $y = ax^2 + bx + c$ 교점 없음	③ $D = b^2 - 4ac < 0$ $ax^2 + bx + c > 0$ 범위(해) x는 모든 실수

1 이차부등식의 기본해법

첫째, 인수분해한다.

둘째, 인수분해가 불가능하면 판별식 D의 부호를 조사한다.

[1] 판별식 $D > 0$일 때 ($a > 0$, $\alpha < \beta$)

   (1) $a(x-\alpha)(x-\beta) > 0$의 해

     ➜ x는 작은 것보다 작거나 큰 것보다 크다.

     ➜ $x < \alpha$, $x > \beta$

   (2) $a(x-\alpha)(x-\beta) < 0$의 해

     ➜ x는 작은 것보다 크고 큰 것보다 작다.

     ➜ $\alpha < x < \beta$

[2] 판별식 $D = 0$일 때 ($a > 0$)

   (1) $a(x-\alpha)^2 > 0$의 해 → $x \neq \alpha$인 모든 실수

   (2) $a(x-\alpha)^2 \geq 0$의 해 → x는 모든 실수

   (3) $a(x-\alpha)^2 < 0$의 해 → 해는 없다.

   (4) $a(x-\alpha)^2 \leq 0$의 해 → $x = \alpha$

[3] 판별식 $D < 0$일 때 ($a > 0$)

   (1) $a(x-m)^2 + n \geq 0$의 해 → x는 모든 실수

   (2) $a(x-m)^2 + n \leq 0$의 해 → 해는 없다.

강의 **이차부등식의 해법(Ⅰ)은 우선 인수분해부터 해봐라!**

  ① 인수분해

  ② 판별식 $\begin{cases} D > 0 \to \text{근의 공식 이용} \\ D < 0 \to \text{완전제곱 이용} \end{cases}$

  ➜ 이차항의 계수를 양수로 하고 실수의 계수 범위에서 인수분해하여 푼다.

  (1) $a(x-\alpha)(x-\beta) > 0$ ($a > 0$)

    ➜ x는 작은 놈보다 작거나 큰 놈보다 크다.

    ➜ 해 $x < \alpha$ 또는 $x > \beta$

  (2) $a(x-\alpha)(x-\beta) < 0$ ($a > 0$)

    ➜ x는 작은 놈보다 크고 큰 놈보다 작다.

    ➜ x는 작은 놈과 큰 놈 사이다.

    ➜ 해 $\alpha < x < \beta$

다음 이차부등식을 푸시오.

(1) $x^2 - 2x - 3 > 0$ (2) $2x^2 - 3x - 2 \le 0$

탐구   이차항의 계수를 양수로 하고 먼저 실수의 계수 범위에서 인수분해되는지 살펴보자.

풀이   (1) $(x-3)(x+1) > 0$

$\therefore \ x < -1$ 또는 $x > 3$

(2) $(2x+1)(x-2) \le 0$

$\therefore \ -\dfrac{1}{2} \le x \le 2$

정답   (1) $x < -1$ 또는 $x > 3$ (2) $-\dfrac{1}{2} \le x \le 2$

유제 01-1   다음 이차부등식을 푸시오.

(1) $x^2 - x - 6 > 0$ (2) $x^2 - 4x - 5 \le 0$

유제 01-2 $2x^2 + 3(2-x) > x^2 + 2x + 2$를 푸시오.

강의 **이차부등식의 해법(Ⅱ)는 완전제곱으로 인수분해되는 경우이다!**

① 인수분해

② 판별식 $\begin{cases} D > 0 \ \rightarrow \ \text{근의 공식 이용} \\ D < 0 \ \rightarrow \ \text{완전제곱 이용} \end{cases}$

➡ 완전제곱꼴로 인수분해되는 경우에는 $(모든 \ 실수)^2 \ge 0$임을 이용한다.

이차식 $f(x) = x^2 - 2\sqrt{3}\,x + 3$일 때 다음 부등식을 푸시오.

(1) $f(x) \geq 0$ (2) $f(x) > 0$ (3) $f(x) \leq 0$ (4) $f(x) < 0$

탐구 완전제곱꼴로 인수분해되는 경우에는 (모든 실수)$^2 \geq 0$임을 이용한다.

풀이 $f(x) = (x - \sqrt{3})^2$으로 인수분해되므로

(1) $f(x) = (x - \sqrt{3})^2 \geq 0$ $\therefore\ x$는 모든 실수

(2) $f(x) = (x - \sqrt{3})^2 > 0$ $\therefore\ x \neq \sqrt{3}$인 모든 실수

(3) $f(x) = (x - \sqrt{3})^2 \leq 0$ $\therefore\ x = \sqrt{3}$

(4) $f(x) = (x - \sqrt{3})^2 < 0$ $\therefore$ 해는 없다.

정답 (1) x는 모든 실수   (2) $x \neq \sqrt{3}$인 모든 실수   (3) $x = \sqrt{3}$ (4) 해는 없다.

유제 02-1 부등식 $x^2 - 4x + 4 \leq 0$을 푸시오.

유제 02-2 부등식 $0.2x^2 - x + 0.8 \geq \dfrac{1}{5}x - 1$을 푸시오.

강의 **인수분해가 되지 않고 $D > 0$인 이차부등식은 근의 공식을 이용하여 두 근을 구한다!**

① 인수분해

② 판별식 $\begin{cases} D > 0 \to \text{근의 공식 이용} \\ D < 0 \to \text{완전제곱 이용} \end{cases}$

→ 인수분해가 되지 않고 $D > 0$일 때는 근의 공식을 이용하여 두 근 α, β을 구한다.

① $x = \dfrac{-b \pm \sqrt{b^2 - 4ac}}{2a}$ (홀수 공식)

② $x = \dfrac{-b \pm \sqrt{b^2 - ac}}{a}$ (짝수 공식)

다음 이차부등식을 푸시오.

(1) $x^2 - 6x + 7 \geq 0$　　　　　　　　(2) $2x^2 - 3x - 1 < 0$

탐구　인수분해가 안되고 $D > 0$일 때는 근의 공식을 이용하여 두 근을 구한다.

풀이　(1) $D/4 = 3^2 - 1 \times 7 = 2 > 0$

따라서 근의 공식을 이용하여 근을 구하면

$$x = 3 \pm \sqrt{9-7} = 3 \pm \sqrt{2}$$

$$\therefore \ \alpha = 3 - \sqrt{2}, \ \beta = 3 + \sqrt{2}$$

두 근을 이용하여 부등식을 풀면

$$x \leq 3 - \sqrt{2} \ \text{또는} \ x \geq 3 + \sqrt{2}$$

(2) $D = 9 - 4 \times 2 \times (-1) = 17 > 0$

따라서 근의 공식을 이용하여 근을 구하면

$$x = \frac{3 \pm \sqrt{9+8}}{4} = \frac{3 \pm \sqrt{17}}{4}$$

$$\therefore \ \alpha = \frac{3 - \sqrt{17}}{4}, \ \beta = \frac{3 + \sqrt{17}}{4}$$

두 근을 이용하여 부등식을 풀면

$$\frac{3 - \sqrt{17}}{4} < x < \frac{3 + \sqrt{17}}{4}$$

정답　(1) $x \leq 3 - \sqrt{2}$ 또는 $x \geq 3 + \sqrt{2}$　　(2) $\dfrac{3 - \sqrt{17}}{4} < x < \dfrac{3 + \sqrt{17}}{4}$

유제 03-1　부등식 $x^2 - 4x + 1 \leq 0$을 푸시오.

유제 03-2　부등식 $-2x^2 + 3(x+2) \leq -x + 2$를 푸시오.

인수분해가 되지 않고 $D < 0$인 이차부등식은 완전제곱꼴로 변형하여 판단한다!

① 인수분해

② 판별식 $\begin{cases} D > 0 \to \text{근의 공식 이용} \\ D < 0 \to \text{완전제곱 이용} \end{cases}$

➜ 인수분해가 되지 않고 $D < 0$일 때는 완전제곱꼴로 변형하여 (모든 실수)$^2 \geq 0$임을 이용하여 판단한다.

기 | 본 | 예 | 제 04

$f(x) = x^2 + 6x + 12$일 때, 다음 부등식을 푸시오.

(1) $f(x) \geq 0$ (2) $f(x) > 0$ (3) $f(x) \leq 0$ (4) $f(x) < 0$

탐구   (모든 실수)$^2 \geq 0 \Rightarrow$ (모든 실수)$^2 + k \geq k$

풀이 $D/4 = 9 - 12 = -3 < 0$이므로 완전제곱꼴로 변형하면

$$f(x) = (x + 3)^2 + 3 \geq 3$$

(1) $f(x) = (x + 3)^2 + 3 \geq 0$ (당연) $\therefore$ x는 모든 실수

(2) $f(x) = (x + 3)^2 + 3 > 0$ (당연) $\therefore$ x는 모든 실수

(3) $f(x) = (x + 3)^2 + 3 \leq 0$ (전혀) $\therefore$ 해는 없다.

(4) $f(x) = (x + 3)^2 + 3 < 0$ (전혀) $\therefore$ 해는 없다.

정답   (1) x는 모든 실수   (2) x는 모든 실수   (3) 해는 없다.   (4) 해는 없다.

유제 04-1   부등식 $x^2 - 4x + 7 < 0$을 푸시오.

유제 04-2   부등식 $\dfrac{x-1}{3} + \dfrac{x^2+1}{5} \geq \dfrac{2x^2 + 7x - 4}{15}$ 를 푸시오.

이차부등식의 응용문제는 미지수를 x로 놓고 이차부등식을 세운다!

첫째, 미지수 설정　　　　둘째, 부등식 작성　　　　셋째, 부등식 풀이

기 | 본 | 예 | 제 **05**

오른쪽 그림과 같이 가로 $15\,\text{m}$, 세로 $10\,\text{m}$인 직사각형 모양의 잔디밭에 일정한 폭의 길을 만들었다. 길을 제외한 잔디밭의 넓이가 $50\,\text{m}^2$ 이상이 되도록 할 때, 길의 최대폭을 구하시오.

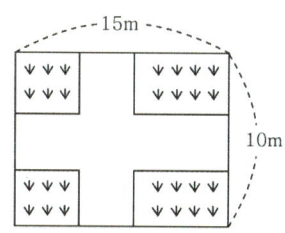

탐구 구하려고 하는 길의 폭을 x라 놓고 식을 세워 계산한다.

풀이 길의 폭을 x라 하면 길을 제외하고 남은 잔디밭의 가로의 길이가 $(15-x)\,\text{m}$, 세로의 길이가 $(10-x)\,\text{m}$이다. 따라서 길을 제외한 잔디밭의 넓이는 $(15-x)(10-x)\,\text{m}^2$이다.

주어진 조건을 식으로 나타내면

$\qquad (15-x)(10-x) \geq 50$에서　　$x^2 - 25x + 100 \geq 0$

$\qquad (x-20)(x-5) \geq 0$

$\qquad \therefore\ x \leq 5$ 또는 $x \geq 20 \qquad \cdots$ ①

x는 길의 폭이므로　　$0 < x < 10 \qquad \cdots$ ②

①, ②의 공통범위를 구하면 $0 < x \leq 5$

따라서 길의 최대 폭은 $5\,\text{m}$이다.

정답 $5\,\text{m}$

유제 **05-1** 지면에서 초속 $25\,\text{m}$로 똑바로 위로 쏘아 올린 공의 t초 후의 지면에서의 높이를 $h\,\text{m}$라 하면 $h = 25t - 5t^2$인 관계가 성립한다. 이때 이 공의 높이가 $20\,\text{m}$ 이상인 t의 값의 범위를 구하시오.

유제 **05-2** 가로가 $20\,\text{cm}$, 세로가 $30\,\text{cm}$인 직사각형의 가로는 $2x\,\text{cm}$, 세로는 $x\,\text{cm}$만큼 늘려서 새로운 직사각형을 만들었더니 넓이가 $1600\,\text{cm}^2$ 이하가 되었다. 이때 x의 최댓값을 구하시오.

2 문자계수를 포함한 이차부등식

→ 가능한 모든 경우로 분리하여 푼다.

[1] 양·음으로 분리하는 방법

(1) $a > 0$ (2) $a < 0$ (3) $a = 0$

[2] 대·소로 분리하는 방법

(1) $\alpha > \beta$ (2) $\alpha < \beta$ (3) $\alpha = \beta$

강의 문자계수를 포함한 이차부등식은 가능한 모든 경우로 분리하여 푼다!

(1) 양·음으로 분리하는 방법

① $a > 0$ ② $a < 0$ ③ $a = 0$

주의 음수를 곱하거나 나눌 때, 부등호 방향이 바뀐다.

(2) 대·소로 분리하는 방법

① $\alpha > \beta$ ② $\alpha < \beta$ ③ $\alpha = \beta$

기|본|예|제 **06**

$a > 0$일 때, 부등식 $ax^2 - (a+1)x + 1 < 0$을 푸시오.

탐구 문자계수를 포함하고 있을 때는 가능한 모든 경우로 분리하여 푼다.

풀이 좌변을 인수분해하면

$$(x-1)(ax-1) < 0$$

각 경우로 나누어 해를 구하면

ⅰ) $0 < a < 1$일 때, $\dfrac{1}{a} > 1$이므로 $1 < x < \dfrac{1}{a}$

ⅱ) $a = 1$일 때, $(x-1)^2 < 0$이므로 해가 없다.

ⅲ) $a > 1$일 때, $\dfrac{1}{a} < 1$이므로 $\dfrac{1}{a} < x < 1$

정답 ⅰ) $0 < a < 1$일 때, $1 < x < \dfrac{1}{a}$ ⅱ) $a = 1$일 때, 해는 없다.

ⅲ) $a > 1$일 때, $\dfrac{1}{a} < x < 1$

유제 **06-1** 부등식 $x^2 + (a-2)x - 2a > 0$을 푸시오.

유제 **06-2** 부등식 $ax^2 - a^2x < 0$을 푸시오.

3 절댓값을 포함한 이차부등식의 해법

첫째, (절댓값 안)=0이 되는 x의 값을 구한다.

둘째, 위에서 구한 x값을 경계로 하여 구간을 나눈다.

셋째, 위에서 정한 구간에서 절댓값 기호를 없애고 해를 구한다.

강의 절댓값 이차부등식은 먼저 공식을 이용하고 안되면 구간을 분리하여 푼다!

① 공식 이용

② 구간 분리

주의 모든 부등식의 선행조치

→ 정리 $\left\{\begin{array}{l} ① \ \text{항상} +\text{인 것 제거} \to \text{부등호 불변} \\ ② \ \text{항상} -\text{인 것 제거} \to \text{부등호 변화} \end{array}\right\}$ 0에 주의!

보기 $-(x-2)^2|x-3|(x-4)(x+2) > 0$의 해

→ 항상 ⊕, ⊖인 놈 제거 → 0일 때 주의!

$-(x-2)^2$, $|x-3|$을 제거하면

$(x-4)(x+2) < 0$, $x \neq 2$, $x \neq 3$

$-2 < x < 4$, $x \neq 2$, $x \neq 3$

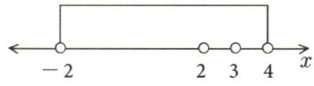

∴ $-2 < x < 2$, $2 < x < 3$, $3 < x < 4$

기 | 본 | 예 | 제 07

이차부등식 $x^2 + |x| - 2 < 0$을 푸시오.

탐구 $x^2 = |x|^2$이므로 $|x|$에 대한 식으로 바꾸어 푼다.

풀이 $x^2 = |x|^2$이므로 주어진 부등식을 $|x|$에 대한 식으로 변경하면

$$|x|^2 + |x| - 2 < 0 \qquad (|x|+2)(|x|-1) < 0$$

$|x| + 2 > 0$이 항상 성립하므로

$$|x| - 1 < 0 \qquad |x| < 1 \qquad \therefore \ -1 < x < 1$$

정답 $-1 < x < 1$

유제 07-1 이차부등식 $x^2+3|x|-10 \geq 0$을 푸시오.

유제 07-2 이차부등식 $6x^2-35|x|+39 < 0$을 푸시오.

기|본|예|제 08

이차부등식 $x^2-2x-3 > 3|x-1|$을 푸시오.

탐구 (절댓값 안)$=0$이 되는 x의 값을 경계로 하여 구간을 나누고 해를 구한다.
① 구간의 해는 구간과 풀이의 공통범위이다.
② 전체의 해는 각 구간들의 해의 합범위이다.

풀이 (절댓값 안)$=0$이 되는 x의 값을 구하면

$$x-1=0 \qquad \therefore \ x=1$$

$x=1$을 경계로 구간을 나누어 부등식을 풀면

ⅰ) $x \geq 1$일 때

$$x^2-2x-3 > 3x-3 \qquad x^2-5x > 0 \qquad x(x-5) > 0$$

$$\therefore \ x < 0 \ \text{또는} \ x > 5$$

$x \geq 1$이므로 $x > 5$

ⅱ) $x < 1$일 때

$$x^2-2x-3 > -3x+3 \qquad x^2+x-6 > 0 \qquad (x+3)(x-2) > 0$$

$$\therefore \ x < -3 \ \text{또는} \ x > 2$$

$x < 1$이므로 $x < -3$

ⅰ), ⅱ)의 합범위를 구하면 $x < -3$ 또는 $x > 5$

정답 $x < -3$ 또는 $x > 5$

유제 08-1 이차부등식 $2x^2-5x+1 > |x+1|$을 푸시오.

유제 08-2 이차부등식 $x^2-4x+2 < |x+2|$를 푸시오.

[1] $\alpha < x < \beta$가 주어지는 경우

➜ $(x-\alpha)(x-\beta) < 0$

➜ $x^2 - (\alpha+\beta)x + \alpha\beta < 0$

[2] $x < \alpha, \ x > \beta$가 주어지는 경우

➜ $(x-\alpha)(x-\beta) > 0$

➜ $x^2 - (\alpha+\beta)x + \alpha\beta > 0$

강의 **이차부등식의 작성은 주어진 해를 보고 결정한다!**

① $\alpha < x < \beta \iff (x-\alpha)(x-\beta) < 0$

② $x < \alpha, \ x > \beta \iff (x-\alpha)(x-\beta) > 0$

기│본│예│제 09

이차부등식 $ax^2 + bx + 5 > 0$의 해집합이 $-2 < x < 5$일 때, 상수 a, b의 값을 구하시오.

탐구 해집합이 $\alpha < x < \beta$이면 부등식은 $a(x-\alpha)(x-\beta) < 0$ (단, $a > 0$)이다.

풀이 최고차항의 계수를 1로 놓고 $-2 < x < 5$의 해를 갖는 부등식을 구하면

$$(x+2)(x-5) < 0 \qquad x^2 - 3x - 10 < 0$$

주어진 부등식과 부등호의 방향을 일치시키면

$$-x^2 + 3x + 10 > 0$$

주어진 부등식과 상수항을 일치시키면

$$-\frac{1}{2}x^2 + \frac{3}{2}x + 5 > 0 \qquad \therefore \ a = -\frac{1}{2}, \ b = \frac{3}{2}$$

정답 $a = -\dfrac{1}{2}, \ b = \dfrac{3}{2}$

유제 09-1 이차부등식 $x^2 + ax + b < 0$의 해가 $-2 < x < a$일 때, 상수 a, b의 값을 구하시오.

유제 09-2 이차부등식 $x^2 - ax - 2a^2 \geq 0$의 해가 $|x-2| \geq b$일 때, 상수 a, b에 대하여 $a+b$의 값을 구하시오. (단, $a > 0$)

02 이차부등식과 이차함수의 그래프

1 이차함수의 그래프와 이차부등식의 관계

[1] 부등식 $ax^2+bx+c>0\,(a\neq0)$의 해

➡ $y=ax^2+bx+c\,(a\neq0)$의 그래프가 x축의 위쪽에 있는 x의 범위이다.

(1) $a>0$일 때

$D>0$	$D=0$	$D<0$
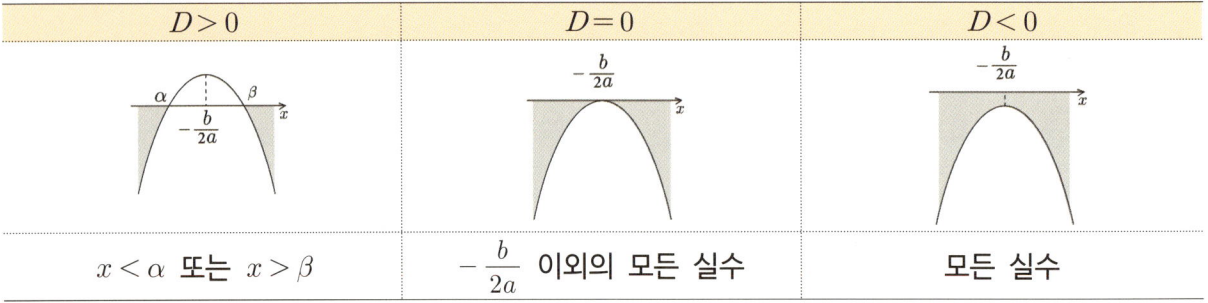		
$x<\alpha$ 또는 $x>\beta$	$-\dfrac{b}{2a}$ 이외의 모든 실수	모든 실수

(2) $a<0$일 때

$D>0$	$D=0$	$D<0$
$\alpha<x<\beta$	해는 없다.	해는 없다.

[2] 부등식 $ax^2+bx+c<0\,(a\neq0)$의 해

➡ $y=ax^2+bx+c\,(a\neq0)$의 그래프가 x축의 아래쪽에 있는 x의 범위이다.

(1) $a>0$일 때

$D>0$	$D=0$	$D<0$
$\alpha<x<\beta$	해는 없다.	해는 없다.

(2) $a<0$일 때

$D>0$	$D=0$	$D<0$
$x<\alpha$ 또는 $x>\beta$	$-\dfrac{b}{2a}$ 이외의 모든 실수	모든 실수

강의 그래프에 의한 이차부등식의 해는 x축을 기준하여 상부, 하부로 판단한다!

① 이차식 > 0의 해

→ 그래프의 x축 상부인 x의 범위

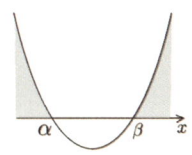 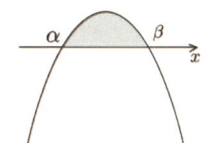

해 : $x < \alpha$ or $x > \beta$ 　해 : $\alpha < x < \beta$

② 이차식 < 0의 해

→ 그래프의 x축 하부인 x의 범위

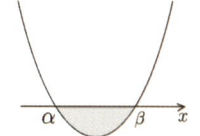 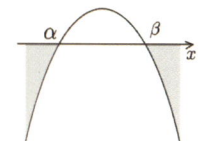

해 : $\alpha < x < \beta$ 　해 : $x < \alpha$ or $x > \beta$

주의 부등식에서는 등호의 포함 여부에 주의해야 한다!

기|본|예|제 10

이차함수 $y = f(x)$의 그래프가 오른쪽 그림과 같을 때,
$f(x) > 0$의 해를 구하시오.

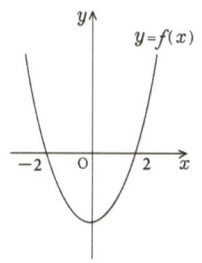

탐구 $f(x) > 0$의 해는 $y = f(x)$의 그래프가 x축 위쪽에 있는 x의 값의
범위이다.

풀이 $f(x) > 0$의 해를 그래프를
이용하여 구하면
∴ $x < -2$ 또는 $x > 2$

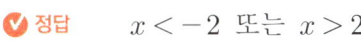

정답 $x < -2$ 또는 $x > 2$

유제 10-1 이차함수 $y = f(x)$의 그래프가 오른쪽 그림과 같을 때,
부등식 $f(x) < 0$의 해를 구하시오.

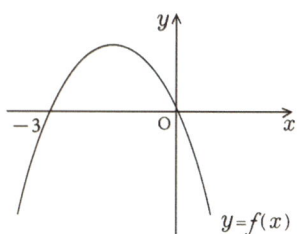

유제 10-2 이차함수 $y = f(x)$의 그래프가 오른쪽 그림과 같을 때,
부등식 $f(x) \geq 0$의 해를 구하시오.

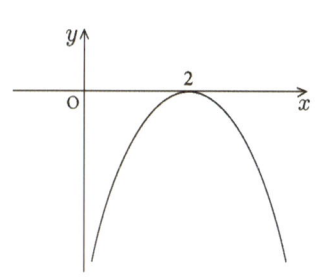

이차함수 $y = f(x)$의 그래프와 직선 $y = g(x)$가 오른쪽 그림과 같을 때, $f(x)g(x) < 0$의 해를 구하시오.

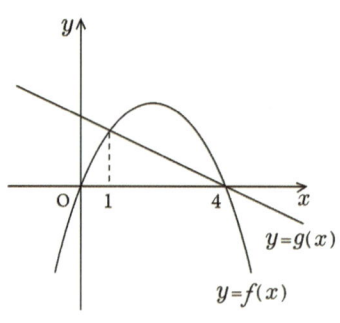

탐구 $f(x)g(x) < 0$의 해는 $f(x) > 0$, $g(x) < 0$이거나 $f(x) < 0$, $g(x) > 0$인 x의 범위이다.

풀이 $f(x)g(x) < 0$의 해를 그래프를 이용하여 구하면

ⅰ) $f(x) > 0$, $g(x) < 0$인 경우   ⅱ) $f(x) < 0$, $g(x) > 0$인 경우

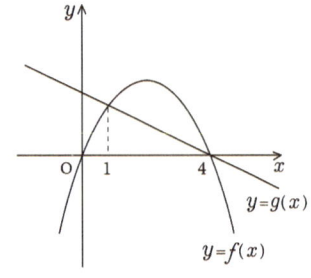   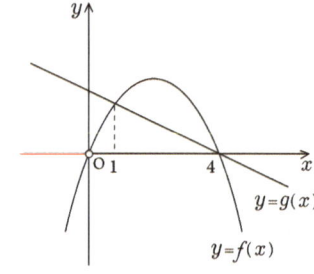

∴ 해가 없다.   ∴ $x < 0$

ⅰ), ⅱ)에 의해 $x < 0$이다.

정답 $x < 0$

유제 11-1   이차함수 $y = f(x)$의 그래프와 직선 $y = g(x)$가 오른쪽 그림과 같을 때, 부등식 $f(x) \leq g(x)$의 해를 구하시오.

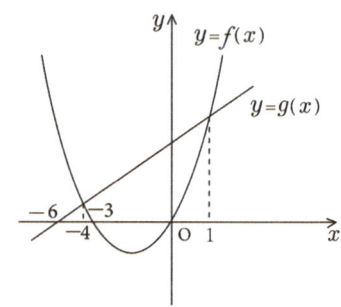

유제 11-2   두 이차함수 $y = f(x)$, $y = g(x)$의 그래프가 오른쪽 그림과 같을 때, 부등식 $f(x)g(x) > 0$의 해를 구하시오.

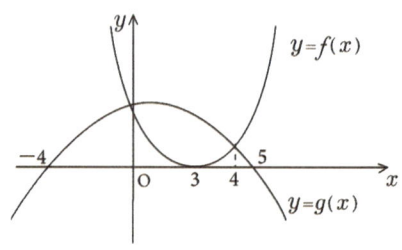

2 이차부등식이 항상 성립할 조건

→ 계수가 $a>0$, $a<0$, $a=0$일 때로 분리한다.

[1] $y=ax^2+bx+c$가 항상 양일 조건

→ $\forall x$, $ax^2+bx+c>0$

(1) $a>0$, $D<0$

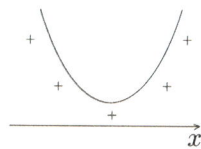

(2) $a=0$, $b=0$, $c>0$

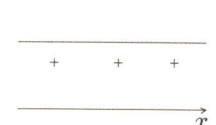

[2] $y=ax^2+bx+c$가 항상 음일 조건

→ $\forall x$, $ax^2+bx+c<0$

(1) $a<0$, $D<0$

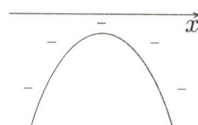

(2) $a=0$, $b=0$, $c<0$

체크 모든 실수 x에 대하여 $ax^2+bx+c \geq 0$가 항상 성립할 조건

① $a>0$, $D\leq 0$　　　　② $a=0$, $b=0$, $c\geq 0$

강의 부등식이 항상 성립할 조건은 꼭짓점 a와 판별식 D의 조건을 이용한다!

(1) $\forall x$, $ax^2+bx+c>0$ (항상 성립)

① $a>0$, $D<0$

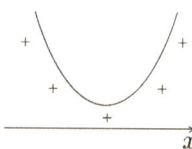

② $a=0$, $b=0$, $c>0$

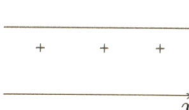

(2) $\forall x$, $ax^2+bx+c<0$ (항상 성립)

① $a<0$, $D<0$

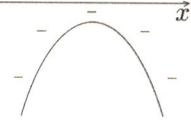

② $a=0$, $b=0$, $c<0$

주의 모든 x에 대하여 $ax^2+bx+c \geq 0$ → 등호주의!

① $a>0$, $D\leq 0$　　　　② $a=0$, $b=0$, $c\geq 0$

모든 실수 x에 대하여 이차식 $x^2 + ax - 2a$가 -5보다 크기 위한 상수 a의 값의 범위를 구하시오.

탐구 이차식 > 0(항상 성립) $\rightarrow$ $D < 0$ $(a > 0)$

풀이 $x^2 + ax - 2a > -5$에서 $x^2 + ax - 2a + 5 > 0$이 모든 실수 x에 대하여 성립하려면
$D < 0$이어야 한다.

$D = a^2 - 4(-2a + 5) = a^2 + 8a - 20 = (a - 2)(a + 10) < 0$ $\quad \therefore \ -10 < a < 2$

정답 $-10 < a < 2$

유제 12-1 이차부등식 $x^2 + (a - 4)x + 16 \geq 0$이 모든 실수 x에 대하여 성립할 때, 상수 a의 값의 범위를 구하시오.

유제 12-2 모든 실수 x에 대하여 이차부등식 $-x^2 - 2kx + k^2 - 4 \leq 0$이 성립할 때, 상수 k의 값의 범위를 구하시오.

모든 실수 x에 대하여 부등식 $(m-1)x^2 + 4(m-1)x + 4 > 0$이 성립하도록 하는 상수 m의 값의 범위를 구하시오.

탐구 모든 실수 x에 대하여 $ax^2 + bx + c > 0$이 성립할 조건
① $a > 0$, $D < 0$ ② $a = 0$, $b = 0$, $c > 0$

풀이 ⅰ) $m = 1$일 때, $4 > 0$은 항상 성립
$\quad \therefore \ m = 1$

ⅱ) $m \neq 1$일 때, $m - 1 > 0$ $\quad \therefore \ m > 1$ $\quad \cdots$ ①
$D/4 = 4(m-1)^2 - 4(m-1) = 4(m-1)(m-2) < 0$
$\quad \therefore \ 1 < m < 2$ $\quad \cdots$ ②
①, ②의 공통범위는 $1 < m < 2$

ⅰ), ⅱ)의 합범위를 구하면 $1 \leq m < 2$

정답 $1 \leq m < 2$

유제 13-1 모든 실수 x에 대하여 부등식 $(m+1)x^2-2(m+1)x-4<0$이 성립하도록 하는 상수 m의 값의 범위를 구하시오.

유제 13-2 이차식 $mx^2-2mx-1$의 값이 모든 실수 x에 대하여 양수가 아닐 때, 상수 m의 값의 범위를 구하시오.

기|본|예|제 14

이차부등식 $ax^2+6x+a>0$이 해를 가지게 하는 상수 a의 값의 범위를 구하시오.

탐구 $a>0$와 $a<0$로 구분하여 조건에 맞게 a의 범위를 구한다.

풀이 이차부등식이므로 $a\neq0$이다.

　ⅰ) $a>0$일 때, 이차부등식이 항상 해를 가진다.

　ⅱ) $a<0$일 때, 이차부등식이 해를 가지려면

　　$ax^2+6x+a=0$이 서로 다른 두 실근을 가져야 하므로

　　$D/4=9-a^2>0$　　$a^2-9<0$　　$(a+3)(a-3)<0$

　　∴ $-3<a<3$

　　$a<0$이므로 $-3<a<0$

　ⅰ), ⅱ)의 합범위를 구하면 $-3<a<0$ 또는 $a>0$

정답 $-3<a<0$ 또는 $a>0$

유제 14-1 이차부등식 $ax^2-3ax+2\leq0$이 해를 가지게 하는 상수 a의 값의 범위를 구하시오.

유제 14-2 이차부등식 $(k+1)x^2-(k+1)x+1<0$이 해를 가지지 않을 때, 상수 k의 값을 구하시오.

기|본|예|제 **15**

이차부등식 $x^2 - 4x + a^2 - 1 < 0$이 $0 \le x \le 3$에서 항상 성립하도록 하는 상수 a의 값의 범위를 구하시오.

탐구 주어진 범위에서 (최댓값) < 0이 되도록 a의 값의 범위를 구한다.

풀이
$$f(x) = x^2 - 4x + a^2 - 1$$
$$= (x^2 - 4x + 4) + a^2 - 5$$
$$= (x-2)^2 + a^2 - 5$$

$0 \le x \le 3$에서 부등식을 만족하도록 그래프를 그리면 오른쪽 그림과 같다.

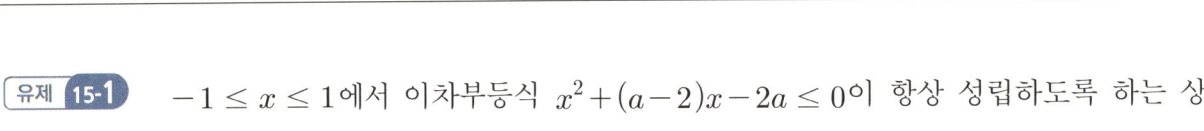

주어진 범위에서 $x = 0$일 때 최댓값 $a^2 - 1$을 가지므로 a의 값의 범위를 구하면

$$a^2 - 1 < 0 \qquad (a-1)(a+1) < 0 \qquad \therefore \ -1 < a < 1$$

정답 $-1 < a < 1$

유제 **15-1** $-1 \le x \le 1$에서 이차부등식 $x^2 + (a-2)x - 2a \le 0$이 항상 성립하도록 하는 상수 a의 값의 범위를 구하시오.

유제 **15-2** $-2 \le x \le 0$에서 이차부등식 $x^2 + 3x + 2k + 2 \ge 0$이 항상 성립하도록 하는 상수 k의 최솟값을 구하시오.

03 연립이차부등식

1 연립이차부등식

[1] 연립부등식의 기본해법

첫째, 각 부등식을 푼다.

둘째, 해를 수직선에 나타낸다.

셋째, x의 공통범위를 구한다.

[2] 부등식 $A < B < C$의 해법

첫째, $A < B$, $B < C$의 해를 구한다.

둘째, 구한 해를 수직선 위에 나타낸다.

셋째, 동시에 만족한 x의 범위를 구한다.

[3] 등식과 부등식의 연립

첫째, 등식을 한 문자에 대하여 정리한다.

둘째, 정리한 문자의 식을 부등식에 대입한다.

셋째, 원하는 문자의 범위를 구한다.

강의 **등식을 부등식에 대입하여 범위를 구한다.**

$\begin{cases} 등식 \\ 부등식 \end{cases}$ → 등식을 한 문자에 관하여 정리 → 부등식에 대입

보기 $2x + y = 1$과 $-1 \leq x - y \leq 1$을 동시에 만족시키는 x의 값의 범위 구하기

→ $y = 1 - 2x$를 부등식에 대입

→ $-1 \leq x - (1 - 2x) \leq 1$

→ $-1 \leq 3x - 1 \leq 1$

$\therefore 0 \leq x \leq \dfrac{2}{3}$

강의 **부등식과 부등식의 연립은 두 부등식의 공통범위를 구한다.**

→ 연립성, 동시성 → and → 공통범위

→ 각 부등식을 푼 후 수직선 위에 도시하여 공통범위를 구한다.

다음 연립부등식을 푸시오.

$$\begin{cases} 2x^2 - 5x + 2 \geq 0 \\ 2x^2 - 3x - 5 \leq 0 \end{cases}$$

탐구 부등식 풀기 → 수직선에 도시 → 공통범위

풀이 $2x^2 - 5x + 2 \geq 0$ $(2x - 1)(x - 2) \geq 0$

$\therefore \ x \geq 2, \ x \leq \dfrac{1}{2}$ $\cdots$ ①

$2x^2 - 3x - 5 \leq 0$ $(2x - 5)(x + 1) \leq 0$

$\therefore \ -1 \leq x \leq \dfrac{5}{2}$ $\cdots$ ②

①, ②를 수직선에 나타내면

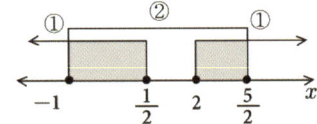

$\therefore \ -1 \leq x \leq \dfrac{1}{2}, \ 2 \leq x \leq \dfrac{5}{2}$

정답 $-1 \leq x \leq \dfrac{1}{2}$ 또는 $2 \leq x \leq \dfrac{5}{2}$

유제 16-1 연립부등식 $\begin{cases} 2x - 1 > 0 \\ x^2 - 3x - 4 < 0 \end{cases}$ 을 푸시오.

유제 16-2 연립부등식 $\begin{cases} x^2 + 3x - 4 > 0 \\ x^2 + 6x + 5 < 0 \end{cases}$ 을 푸시오.

다음 부등식을 푸시오.

$$x^2 - 3x + 2 < 2x^2 - x - 1 \leq 3x^2 - 2x - 3$$

탐구 $A < B < C$의 해법 → 연립부등식 $\begin{cases} A < B \\ B < C \end{cases}$ 로 바꾸어 연립부등식을 푼다.

풀이   주어진 부등식을 연립부등식으로 바꾸어 풀면

ⅰ) $x^2 - 3x + 2 < 2x^2 - x - 1$

$-x^2 - 2x + 3 < 0$

$x^2 + 2x - 3 > 0$

$(x+3)(x-1) > 0$ ∴ $x < -3$ 또는 $x > 1$ ⋯①

ⅱ) $2x^2 - x - 1 \leq 3x^2 - 2x - 3$

$-x^2 + x + 2 \leq 0$

$x^2 - x - 2 \geq 0$

$(x-2)(x+1) \geq 0$ ∴ $x \leq -1$ 또는 $x \geq 2$ ⋯②

①, ②를 수직선에 나타내어 공통범위를 구하면

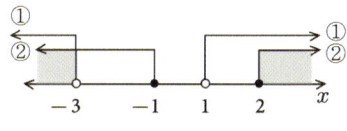

∴ $x < -3$ 또는 $x \geq 2$

정답 $x < -3$ 또는 $x \geq 2$

유제 17-1   다음 부등식을 푸시오.

$$2x^2 - 5x - 3 \leq x^2 - 2x + 1 < 2x^2 - 5x + 3$$

유제 17-2   부등식 $\left| x^2 + 2x - 4 \right| < 4$를 푸시오.

연립부등식 $\begin{cases} x^2+x-6>0 \\ x^2-3x-ax+3a \leq 0 \end{cases}$ 의 해가 $2 < x \leq 3$일 때, 상수 a의 값의 범위를 구하시오.

탐구 각 부등식을 풀고 주어진 해와 공통부분이 같아지도록 수직선 위에 나타낸다.

풀이 각 부등식을 풀면

$x^2+x-6>0 \quad (x+3)(x-2)>0$

$\therefore \ x < -3$ 또는 $x > 2 \qquad \cdots ①$

$x^2-3x-ax+3a \leq 0$

$x(x-3)-a(x-3) \leq 0$

$(x-a)(x-3) \leq 0$

i) $a>3$일 때, $3 \leq x \leq a$

ii) $a=3$일 때, $x=3$ $\left. \right\} \cdots ②$

iii) $a<3$일 때, $a \leq x \leq 3$

①, ②의 공통범위가 $2 < x \leq 3$이 되려면 ②의 범위 중 iii)이 적당하므로 수직선에 나타내면

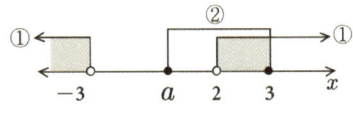

$\therefore \ -3 \leq a \leq 2$

정답 $-3 \leq a \leq 2$

유제 18-1 연립부등식 $\begin{cases} 2x^2-5x-3>0 \\ x^2+(1-a)x-a \leq 0 \end{cases}$ 의 해가 $-1 \leq x < -\dfrac{1}{2}$일 때, 상수 a의 값의 범위를 구하시오.

유제 18-2 연립부등식 $\begin{cases} x^2-4 \leq 0 \\ x^2+(3+2k)x+6k>0 \end{cases}$ 을 만족하는 정수 x가 2개일 때, 상수 k의 값의 범위를 구하시오.

2 연립이차부등식의 응용

첫째, 구하는 것을 미지수로 설정한다.

둘째, 주어진 조건을 활용하여 식을 세운다.

셋째, 연립부등식을 풀어 원하는 미지수의 범위를 구한다.

강의 **연립부등식의 응용문제는 조건에 맞도록 미지수를 정한 후 연립방정식을 세운다!**

첫째 - 미지수 설정

둘째 - 조건 이용 부등식 작성

셋째 - 부등식 풀이 검산

기|본|예|제 19

둘레의 길이가 $32\,\mathrm{cm}$인 직사각형 모양의 명함의 넓이가 $63\,\mathrm{cm}^2$ 이상이 되도록 할 때, 짧은 변의 길이의 범위를 구하시오.

탐구 미지수 설정 → 부등식 작성 → 범위 구하기

풀이 짧은 변의 길이를 x라 하면 긴 변의 길이는 $16-x$이다.

$\qquad x < 16-x$에서 $x < 8$ $\qquad \cdots$ ①

명함의 넓이를 구하면

$\qquad 63 \leq x(16-x) \qquad x^2 - 16x + 63 \leq 0 \qquad (x-7)(x-9) \leq 0$

$\qquad \therefore\ 7 \leq x \leq 9 \qquad \cdots$ ②

①과 ②의 공통범위는 $7 \leq x < 8$이다.

따라서 짧은 변의 길이는 $7\,\mathrm{cm}$이상 $8\,\mathrm{cm}$미만이다.

정답 $7\,\mathrm{cm}$이상 $8\,\mathrm{cm}$미만

유제 19-1 둘레의 길이가 $24\,\mathrm{cm}$인 직사각형의 넓이가 $35\,\mathrm{cm}^2$ 이상이 되도록 하는 짧은 변의 길이의 범위를 구하시오.

유제 19-2 세 변의 길이가 x, $x+2$, $x+4$인 삼각형이 예각삼각형이 되도록 하는 x의 값의 범위를 구하시오.

04 이차방정식의 실근의 조건

1 이차방정식의 실근의 부호

→ 실계수 이차방정식 $ax^2+bx+c=0\,(a\neq0)$의 두 근을 α, β라 하면

[1] 두 근 모두 양(+)일 조건

(1) $\alpha+\beta>0$

(2) $\alpha\beta>0$

(3) $D\geq0$

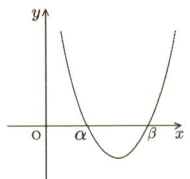 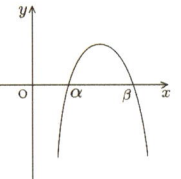

[2] 두 근 모두 음(−)일 조건

(1) $\alpha+\beta<0$

(2) $\alpha\beta>0$

(3) $D\geq0$

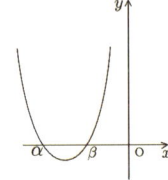 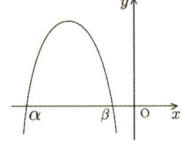

[3] 한 근 양(+), 한 근 영(0)일 조건

(1) $\alpha+\beta>0$

(2) $\alpha\beta=0$

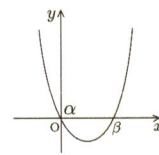 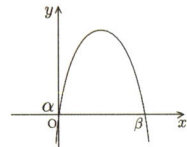

[4] 한 근 음(−), 한 근 영(0)일 조건

(1) $\alpha+\beta<0$

(2) $\alpha\beta=0$

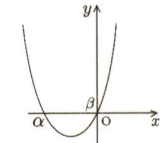 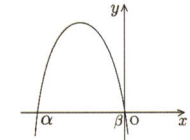

[5] 한 근 양(+), 한 근 음(−)일 조건

(1) $\alpha\beta<0$

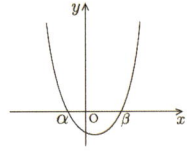 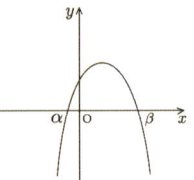

[6] 양근과 음근의 절댓값이 같을 조건

(1) $\alpha+\beta=0$

(2) $\alpha\beta<0$

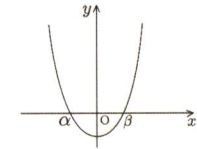 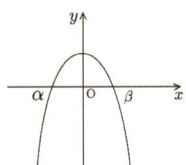

[7] 음근의 절댓값이 양근보다 클 조건

(1) $\alpha+\beta<0$

(2) $\alpha\beta<0$

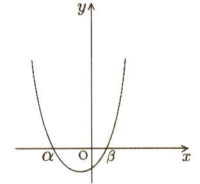 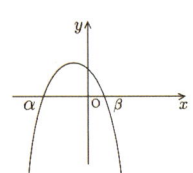

[8] 음근의 절댓값이 양근보다 작을 조건

(1) $\alpha+\beta>0$

(2) $\alpha\beta<0$

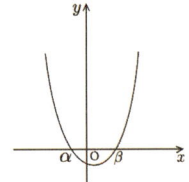 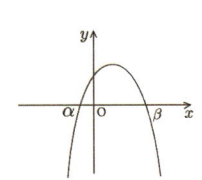

실근의 부호 문제는 합과 곱과 판별식을 조사한다!

→ 조건에 맞도록 다음 세 가지를 조사한다.

① 두 근의 합 $\alpha + \beta = -\dfrac{b}{a}$

② 두 근의 곱 $\alpha\beta = \dfrac{c}{a}$ ⎬ → 조사

③ 판별식 $D = b^2 - 4ac$

주의 판별식의 자동성립

→ $\alpha\beta \leq 0 \rightarrow \dfrac{c}{a} \leq 0 \rightarrow ac \leq 0 \rightarrow b^2 - 4ac \geq 0$

기|본|예|제 **20**

이차방정식 $x^2 + 2(k+1)x + 3 + 2k - k^2 = 0$이 서로 다른 부호의 실근을 갖고, 양의 근이 음의 근의 절댓값보다 클 때, 실수 k의 값의 범위를 구하시오.

탐구 두 근 α, β의 부호가 다르고, 양의 근이 음의 근의 절댓값보다 클 경우
① $\alpha + \beta > 0$ ② $\alpha\beta < 0 \rightarrow D > 0$ (자동성립)

풀이 $\alpha + \beta = -2(k+1) > 0$에서 $k < -1$ ⋯①
$\alpha\beta = 3 + 2k - k^2 < 0$에서 $k^2 - 2k - 3 > 0$ $(k-3)(k+1) > 0$
$k > 3$ 또는 $k < -1$ ⋯②
①, ②를 동시에 만족하는 범위를 구하면
∴ $k < -1$

정답 $k < -1$

유제 **20-1** 이차방정식 $x^2 - 2(k-2)x - k + 8 = 0$의 서로 다른 두 실근이 모두 양수일 때, 실수 k의 값의 범위를 구하시오.

유제 **20-2** 이차방정식 $x^2 + 2(k-1)x - k + 3 = 0$의 두 근이 모두 음수가 되기 위한 실수 k의 값의 범위를 구하시오.

첫째, 조건에 맞는 그래프를 그린다.

둘째, 판별식, 경계값에서의 y의 부호, 대칭축의 위치를 조사한다.

→ 이차방정식 $ax^2 + bx + c = 0 \, (a > 0)$에서 두 근을 α, β라고 할 때

[1] 두 근이 모두 m보다 클 조건

(1) $D \geq 0$

(2) $f(m) > 0$

(3) $-\dfrac{b}{2a} > m$

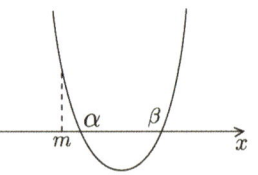

[2] 두 근이 모두 m보다 작을 조건

(1) $D \geq 0$

(2) $f(m) > 0$

(3) $-\dfrac{b}{2a} < m$

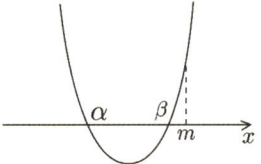

[3] 두 근이 m, n사이에 있을 조건

(1) $D \geq 0$

(2) $f(m) > 0$, $f(n) > 0$

(3) $m < -\dfrac{b}{2a} < n$

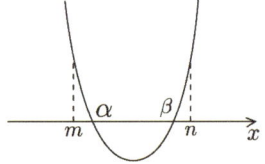

[4] 두 근 사이에 m이 있을 조건

(1) $f(m) < 0$

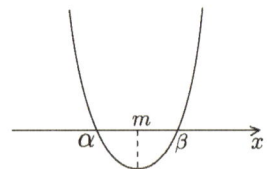

강의 실근의 위치 문제는 경계값과 대칭축과 판별식을 조사한다!

→ 그래프를 그린 후 다음 세 가지를 조사한다.

① 경계값 　　② 대칭축 　　③ 판별식

주의 $\alpha < m < \beta$의 조건

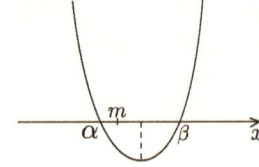

① 경계값 $f(m) < 0$

② 판별식 $D > 0$(자동성립 → 따질 필요가 없다)

③ 대칭축 $x = -\dfrac{b}{2a}$(항상 성립 → 따질 필요가 없다)

이차방정식 $x^2 - 2(p-4)x + 16 = 0$의 두 근이 모두 2보다 클 때, 실수 p의 값의 범위를 구하시오.

탐구   ① 판별식   ② 대칭축   ③ 경계값을 조사한다.

풀이 $f(x) = x^2 - 2(p-4)x + 16$이라 하고
$f(x) = 0$의 근이 모두 2보다 크게 그래프를 그리면
오른쪽 그림과 같다.

  i) $D/4 = (p-4)^2 - 16 = p^2 - 8p = p(p-8) \geq 0$

    $\therefore p \leq 0$ 또는 $p \geq 8$ …①

  ii) 대칭축 $p - 4 > 2$

    $\therefore p > 6$ …②

  iii) 경계값 $f(2) = 4 - 4(p-4) + 16 = -4p + 36 > 0$

    $\therefore p < 9$ …③

  ①, ②, ③의 공통범위를 구하면

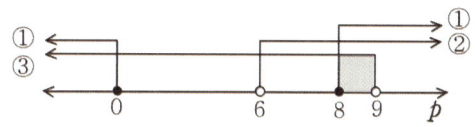

    $\therefore 8 \leq p < 9$

정답 $8 \leq p < 9$

유제 21-1 이차방정식 $x^2 - 2(p+2)x + p^2 + 3 = 0$의 두 근이 모두 3보다 작을 때, 실수 p의 값의 범위를 구하시오.

유제 21-2 이차방정식 $x^2 + 2(k+1)x + k^2 - 2 = 0$의 두 근 사이에 -1이 있을 때, 실수 k의 값의 범위를 구하시오.

유제 21-3 이차방정식 $x^2 - 2(k-1)x + k - 1 = 0$의 한 근이 2와 3 사이에 있을 때, 실수 k의 값의 범위를 구하시오.

반복학습 기록란.

가장 좋은 학습방법은 학교에서나 학원에서나 선생님의 강의를 열심히 듣고 여러 번 반복학습하는 것입니다.
지금부터 당장 선생님의 강의를 열심히 듣고 반복! 반복하십시오. 그러면 곧 모든 과목에 자신이 생길 것입니다.

회수	시작이 반!			끝을 봐야!			확인
제1회	년	월	일 부터	년	월	일 까지	
제2회	년	월	일 부터	년	월	일 까지	
제3회	년	월	일 부터	년	월	일 까지	
제4회	년	월	일 부터	년	월	일 까지	
제5회	년	월	일 부터	년	월	일 까지	
제6회	년	월	일 부터	년	월	일 까지	
제7회	년	월	일 부터	년	월	일 까지	
제8회	년	월	일 부터	년	월	일 까지	
제9회	년	월	일 부터	년	월	일 까지	
제10회	년	월	일 부터	년	월	일 까지	

▶ 연습문제 A는 앞에서 배운 기초 단계의 문제이므로 선생님의 도움 없이 스스로 풀어 자신의 실력을 점검해 보도록 하자.

01 다음 이차부등식을 푸시오.

(1) $x^2 - 2x - 3 > 0$ (2) $2x^2 - 3x - 2 \leq 0$

02 이차식 $f(x) = x^2 - 2\sqrt{3}\,x + 3$일 때 다음 부등식을 푸시오.

(1) $f(x) \geq 0$ (2) $f(x) > 0$ (3) $f(x) \leq 0$ (4) $f(x) < 0$

03 다음 이차부등식을 푸시오.

(1) $x^2 - 6x + 7 \geq 0$ (2) $2x^2 - 3x - 1 < 0$

04 $f(x) = x^2 + 6x + 12$일 때, 다음 부등식을 푸시오.

(1) $f(x) \geq 0$ (2) $f(x) > 0$ (3) $f(x) \leq 0$ (4) $f(x) < 0$

05 지면에서 초속 $25\,\mathrm{m}$로 똑바로 위로 쏘아 올린 공의 t초 후의 지면에서의 높이를 $h\,\mathrm{m}$라 하면 $h = 25t - 5t^2$인 관계가 성립한다. 이때 이 공의 높이가 $20\,\mathrm{m}$ 이상인 t의 값의 범위를 구하시오.

06 $a > 0$일 때, 부등식 $ax^2 - (a+1)x + 1 < 0$을 푸시오.

07 이차부등식 $x^2 + |x| - 2 < 0$을 푸시오.

08 이차부등식 $x^2 - 2x - 3 > 3|x-1|$을 푸시오.

09 이차부등식 $ax^2 + bx + 5 > 0$의 해집합이 $-2 < x < 5$일 때, 상수 a, b의 값을 구하시오.

10 이차함수 $y = f(x)$의 그래프가 오른쪽 그림과 같을 때, $f(x) > 0$의 해를 구하시오.

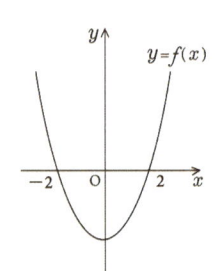

11 이차함수 $y = f(x)$의 그래프와 직선 $y = g(x)$가 오른쪽 그림과 같을 때, 부등식 $f(x) \leq g(x)$의 해를 구하시오.

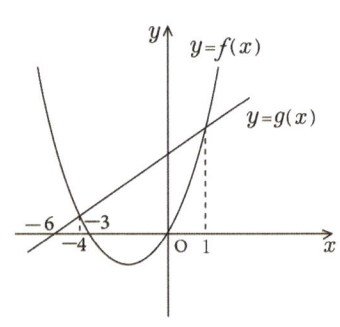

12   모든 실수 x에 대하여 이차식 $x^2 + ax - 2a$가 -5보다 크기 위한 상수 a의 값의 범위를 구하시오.

13   모든 실수 x에 대하여 부등식 $(m-1)x^2 + 4(m-1)x + 4 > 0$이 성립하도록 하는 상수 m의 값의 범위를 구하시오.

14   이차부등식 $ax^2 + 6x + a > 0$이 해를 가지게 하는 상수 a의 값의 범위를 구하시오.

15   이차부등식 $x^2 - 4x + a^2 - 1 < 0$이 $0 \leq x \leq 3$에서 항상 성립하도록 하는 상수 a의 값의 범위를 구하시오.

16   다음 연립부등식을 푸시오.
$$\begin{cases} 2x^2 - 5x + 2 \geq 0 \\ 2x^2 - 3x - 5 \leq 0 \end{cases}$$

17 다음 부등식을 푸시오.

$$x^2 - 3x + 2 < 2x^2 - x - 1 \leq 3x^2 - 2x - 3$$

18 연립부등식 $\begin{cases} x^2 + x - 6 > 0 \\ x^2 - 3x - ax + 3a \leq 0 \end{cases}$ 의 해가 $2 < x \leq 3$일 때, 상수 a의 값의 범위를 구하시오.

19 둘레의 길이가 $32\,\mathrm{cm}$인 직사각형 모양의 명함의 넓이가 $63\,\mathrm{cm}^2$ 이상이 되도록 할 때, 짧은 변의 길이의 범위를 구하시오.

20 이차방정식 $x^2 + 2(k+1)x + 3 + 2k - k^2 = 0$이 서로 다른 부호의 실근을 갖고, 양의 근이 음의 근의 절댓값보다 클 때, 실수 k의 값의 범위를 구하시오.

21 이차방정식 $x^2 - 2(p-4)x + 16 = 0$의 두 근이 모두 2보다 클 때, 실수 p의 값의 범위를 구하시오.

▶ 연습문제 B는 앞에서 배운 문제 중 응용단계의 문제이므로 연습장에 스스로 풀어보고 잘 풀리지 않으면 처음부터 다시 공부한 후 자신이 있을 때 다시 풀어 보도록 하자.

01 $2x^2 + 3(2-x) > x^2 + 2x + 2$를 푸시오.

02   부등식 $0.2x^2 - x + 0.8 \geq \dfrac{1}{5}x - 1$을 푸시오.

03   부등식 $-2x^2 + 3(x+2) \leq -x + 2$를 푸시오.

04   부등식 $\dfrac{x-1}{3} + \dfrac{x^2+1}{5} \geq \dfrac{2x^2+7x-4}{15}$를 푸시오.

05   오른쪽 그림과 같이 가로 $15\,\text{m}$, 세로 $10\,\text{m}$인 직사각형 모양의 잔디밭에 일정한 폭의 길을 만들었다. 길을 제외한 잔디밭의 넓이가 $50\,\text{m}^2$ 이상이 되도록 할 때, 길의 최대폭을 구하시오.

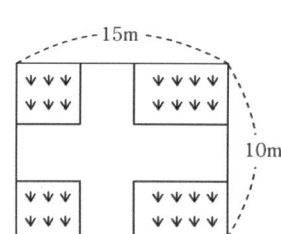

06 부등식 $x^2+(a-2)x-2a>0$을 푸시오.

07 이차부등식 $x^2+3|x|-10 \geq 0$을 푸시오.

08 이차부등식 $x^2-4x+2 < |x+2|$를 푸시오.

09 이차부등식 $x^2-ax-2a^2 \geq 0$의 해가 $|x-2| \geq b$일 때, 상수 a, b에 대하여 $a+b$의 값을 구하시오. (단, $a>0$)

10 이차함수 $y=f(x)$의 그래프가 오른쪽 그림과 같을 때, 부등식 $f(x) \geq 0$의 해를 구하시오.

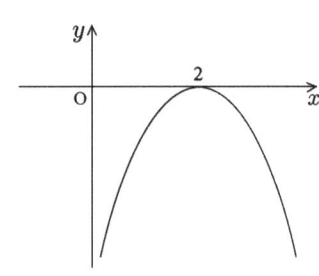

11 이차함수 $y=f(x)$의 그래프와 직선 $y=g(x)$가 오른쪽 그림과 같을 때, $f(x)g(x)<0$의 해를 구하시오.

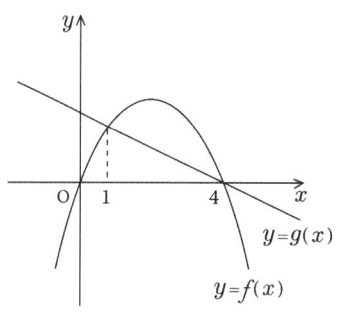

12 모든 실수 x에 대하여 이차부등식 $-x^2-2kx+k^2-4\le 0$이 성립할 때, 상수 k의 값의 범위를 구하시오.

13 이차식 $mx^2-2mx-1$의 값이 모든 실수 x에 대하여 양수가 아닐 때, 상수 m의 값의 범위를 구하시오.

14 이차부등식 $(k+1)x^2-(k+1)x+1<0$이 해를 가지지 않을 때, 상수 k의 값을 구하시오.

15 $-2\le x\le 0$에서 이차부등식 $x^2+3x+2k+2\ge 0$이 항상 성립하도록 하는 상수 k의 최솟값을 구하시오.

16 연립부등식 $\begin{cases} x^2+3x-4>0 \\ x^2+6x+5<0 \end{cases}$ 을 푸시오.

17 부등식 $|x^2+2x-4| < 4$를 푸시오.

18 연립부등식 $\begin{cases} x^2-4 \leq 0 \\ x^2+(3+2k)x+6k > 0 \end{cases}$ 을 만족하는 정수 x가 2개일 때, 상수 k의 값의 범위를 구하시오.

19 세 변의 길이가 x, $x+2$, $x+4$인 삼각형이 예각삼각형이 되도록 하는 x의 값의 범위를 구하시오.

20 이차방정식 $x^2+2(k-1)x-k+3=0$의 두 근이 모두 음수가 되기 위한 실수 k의 값의 범위를 구하시오.

21 이차방정식 $x^2+2(k+1)x+k^2-2=0$의 두 근 사이에 -1이 있을 때, 실수 k의 값의 범위를 구하시오.

22 이차방정식 $x^2-2(k-1)x+k-1=0$의 한 근이 2와 3 사이에 있을 때, 실수 k의 값의 범위를 구하시오.

VI

경우의 수

VI.
경우의 수

P A R T
01

경우의 수

명언

준비에 실패하는 것은 실패를 준비하는 것이다.
- 데일 카네기 -

중·고교 연결과정 선수학습

1 시행, 사건, 경우의 수

[1] 시행과 사건
→ 같은 조건 아래에서 몇 번이고 반복할 수 있으며 그 결과가 우연에 의하여 결정되는 실험이나 관찰을 **시행**이라 하고, 이 시행의 결과를 **사건**이라 한다.

[2] 경우의 수
→ 어떤 사건이 일어날 수 있는 모든 경우의 가짓수를 **경우의 수**라 하고, 어떤 사건의 경우의 수를 구할 때에는 빠짐없이 또 중복되지 않게 구해야 한다.

> **체크** 경우의 수를 직접 세어야 하는 경우에는 사전식 배열법, 수형도 등을 이용한다.

강의 경우의 수를 찾는 방법을 잘 숙지해두어야 한다!

(1) 시행과 사건과 경우의 수의 의미
- → 실험 또는 관찰 → 시행
- → 시행의 결과 → 사건
- → 사건의 가짓수 → 경우의 수

(2) 경우의 수를 찾는 방법
- ① 표를 만들어 구한다 → 사전식 배열
- ② 수형도를 그려서 구한다.

주의 경우의 수를 구할 때는 빠짐없이, 중복되지 않게 구해야 한다.

기|본|예|제 01

한 개의 주사위를 던질 때, 다음 사건의 경우의 수를 구하시오.

(1) 짝수의 눈이 나온다.　　　　　(2) 6의 약수의 눈이 나온다.

탐구　경우의 수를 구할 때는 빠짐없이, 중복되지 않게 구한다.

풀이　(1) 짝수의 눈은 2, 4, 6이므로 경우의 수는 3이다.

　　　　(2) 6의 약수의 눈은 1, 2, 3, 6이므로 경우의 수는 4이다.

정답　(1) 3　　(2) 4

유제 01-1 1부터 20까지의 자연수가 적힌 구슬 20개 중 하나의 구슬을 임의로 선택했을 때, 3의 배수가 적힌 구슬을 뽑는 경우의 수를 구하시오.

유제 01-2 1부터 50까지의 숫자가 적힌 수카드에서 한 장의 카드를 뽑을 때, 72의 약수가 적힌 카드를 뽑는 경우의 수를 구하시오.

기 | 본 | 예 | 제 02

빨간 구슬 1개, 흰 구슬 2개, 검은 구슬 3개가 들어있는 주머니에서 3개의 구슬을 꺼내는 경우의 수를 구하시오.

탐구
풀이 ① 빠짐없이 중복되지 않게 세기 위해서는 개수가 가장 많은 검은 구슬을 기준으로 삼아야 한다.

   i) 검 검 검 → 1가지 (검은 구슬 3개)

   ii) 검 검 흰 → 2가지 (검은 구슬 2개)
        검 검 빨

   iii) 검 흰 흰 → 2가지 (검은 구슬 1개)
        검 흰 빨

   iv) 흰 흰 빨 → 1가지 (검은 구슬 0개)

   ∴ 1+2+2+1=6

탐구
풀이 ② 표를 만들어 구한다. → 큰 수부터 사전식 배열

검은 구슬	3	2	2	1	1	0
흰 구슬	0	1	0	2	1	2
빨간 구슬	0	0	1	0	1	1

   ∴ 6가지

정답 6

유제 02-1 주머니 안에 흰 바둑돌 5개, 검은 바둑돌 3개가 들어있다. 이 주머니에서 4개의 바둑돌을 꺼내는 경우의 수를 구하시오.

유제 02-2 동전을 세 번 던져서 앞면이 두 번 나오는 경우의 수를 구하시오.

2 경우의 수 구하는 법

→ 사건 A가 일어날 경우의 수는 m, 사건 B가 일어날 경우의 수는 n일 때

[1] 사건 A 또는 사건 B가 일어나는 경우의 수

→ 사건 A와 사건 B가 동시에 일어나지 않으면 $m+n$

[2] 사건 A와 사건 B가 동시에 일어나는 경우의 수

→ $m \times n$

강의 경우의 수 구하는 방법은 'or', 'and' 중 어느 것으로 연결되었는가를 잘 파악해야 한다.

① A 또는 B가 일어나는 경우의 수

→ or 연결 ; $m+n$

② A와 B가 동시에 일어나는 경우의 수

→ and 연결 ; $m \times n$

주의 동시에 일어나는 경우와 연속적으로 일어나는 경우의 수는 같다. → $m \times n$

기|본|예|제 03

주사위를 두 번 던져서 나온 눈의 수의 합이 3 또는 7이 되는 경우의 수를 구하시오.

탐구 「또는」이 나오는 사건의 경우의 수는 각각의 경우의 수의 합으로 구한다.

풀이 주사위 눈의 수의 합이 3이 되는 경우의 수는

$(1, 2), (2, 1)$: 2

주사위 눈의 수의 합이 7이 되는 경우의 수는

$(1, 6), (2, 5), (3, 4), (4, 3), (5, 2), (6, 1)$: 6

따라서 구하는 경우의 수는 $2+6=8$이다.

정답 8

유제 03-1 서울에서 대전까지 가는 교통편은 버스를 이용하는 방법 3가지, 기차를 이용하는 방법 4가지가 있다. 서울에서 대전까지 버스 또는 기차를 이용하여 가는 경우의 수를 구하시오.

유제 03-2 어떤 분식집 메뉴에 김밥이 5종류, 라면이 3종류가 있다. 김밥 또는 라면을 한 가지만 주문하는 경우의 수를 구하시오.

기 | 본 | 예 | 제 **04**

동전 두 개와 주사위 한 개를 동시에 던질 때, 나올 수 있는 경우의 수를 구하시오.

탐구 「동시에」가 나오는 사건의 경우의 수는 각각의 경우의 수의 곱으로 계산한다.

풀이 동전 두 개를 던질 때 경우의 수는

$$2 \times 2 = 4$$

주사위 한 개를 던질 때 경우의 수는

$$6$$

따라서 구하는 경우의 수는 $4 \times 6 = 24$이다.

정답 24

유제 04-1 주사위를 세 번 던질 때, 나올 수 있는 경우의 수를 구하시오.

유제 04-2 남학생 5명과 여학생 4명 중 남녀 대표 한 명씩 뽑는 경우의 수를 구하시오.

유제 04-3 동전 세 개와 주사위 한 개를 동시에 던졌을 때, 다음을 구하시오.
(1) 동전은 모두 앞면이 나오고 주사위는 홀수의 눈이 나오는 경우의 수
(2) 동전은 앞면이 1개 나오고, 주사위는 3의 배수의 눈이 나오는 경우의 수

유제 04-4 깃발 올리고 내리기로 신호를 만들려고 합니다. 3개의 깃발로 만들 수 있는 신호는 몇 가지인지 구하시오.

기|본|예|제 05

오른쪽 그림과 같이 나누어진 5개의 영역에 서로 다른 5가지 색을 칠하려고 한다. 이때 같은 색을 중복해도 되지만 이웃하는 영역에는 서로 다른 색을 칠하는 경우의 수를 구하시오. (단, 각 영역에는 한 가지 색만 칠한다.)

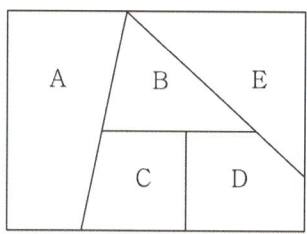

탐구　가장 많은 영역과 이웃하고 있는 B를 기준으로 색을 정한다.

풀이　5개의 영역 중 가장 많은 영역과 이웃하고 있는 B를 기준으로 색을 칠하면

B에 칠할 수 있는 색은 5가지

A에 칠할 수 있는 색은 B에 칠한 색을 제외한 4가지

C에 칠할 수 있는 색은 A, B에 칠한 색을 제외한 3가지

D에 칠할 수 있는 색은 B, C에 칠한 색을 제외한 3가지

E에 칠할 수 있는 색은 B, D에 칠한 색을 제외한 3가지

따라서 구하는 경우의 수는 $5 \times 4 \times 3 \times 3 \times 3 = 540$이다.

정답　540

유제 05-1　오른쪽 그림과 같이 나누어진 4개의 영역에 서로 다른 4가지 색을 칠하려고 한다. 이때 같은 색을 중복해도 되지만 이웃하는 영역에는 서로 다른 색을 칠하는 경우의 수를 구하시오. (단, 각 영역에는 한 가지 색만 칠한다.)

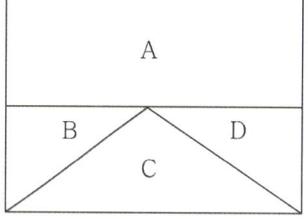

유제 05-2　오른쪽 그림과 같이 나누어진 5개의 영역에 서로 다른 4가지 색을 칠하려고 한다. 이때 같은 색을 중복해도 되지만 이웃하는 영역에는 서로 다른 색을 칠하는 경우의 수를 구하시오. (단, 각 영역에는 한 가지 색만 칠한다.)

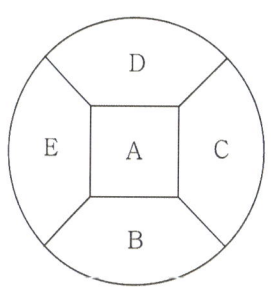

01 경우의 수

1 합의 법칙과 곱의 법칙

[1] 합의 법칙

→ 문장이나 수식이 「또는(or)」으로 연결될 때는 합의 법칙을 이용한다.

→ 두 사건 A, B가 일어나는 경우의 수가 각각 a, b일 때 A 또는 B가 일어나는 경우의 수는

(1) 두 사건이 동시에 일어나지 않을 때

    → $a+b$

(2) 두 사건이 동시에 일어나는 경우의 수가 c일 때

    → $a+b-c$

[2] 곱의 법칙

→ 문장이나 수식이 「그리고(and)」로 연결될 때는 곱의 법칙을 이용한다.

→ 두 사건 A, B가 일어나는 경우의 수가 각각 a, b일 때, A와 B가 동시에 일어나는 경우의 수는 $a \times b$

강의 **합 사건의 경우의 수는 'and'의 유무를 꼭 확인해야 한다!**

→ or 연결 → 합사건

→ A의 경우의 수 : m, B의 경우의 수 : n, A, B 동시의 경우의 수 : k

  ① and 有 → A 또는 B의 경우의 수$=m+n-k$

  ② and 無 → A 또는 B의 경우의 수$=m+n$

  주의 배수문제

    → and 有 → 최소공배수의 배수

有(있을 유)   無(없을 무)

기|본|예|제 01

n을 200 이하의 자연수라 할 때, 18 또는 24로 나누어떨어지는 n의 개수를 구하시오.

탐구   and 有 → $m+n-k$

풀이   18로 나누어떨어지는 수는 18의 배수이므로 11개이고, 24로 나누어떨어지는 수는 24의 배수이므로 8개이다. 18과 24로 동시에 나누어떨어지는 수는 두 수의 공배수이므로 72의 배수의 개수인 2개이다.

    따라서 구하는 n의 개수는

      $11+8-2=17$

정답   17

유제 01-1 두 개의 주사위를 동시에 던질 때, 나오는 눈의 수의 합이 5 또는 8이 되는 경우의 수를 구하시오.

유제 01-2 100 이하의 자연수 중 2의 배수 또는 5의 배수의 개수를 구하시오.

> **강의** **경우의 수의 계산 방법은 'or'로 연결되면 더하고 'and'로 연결되면 곱한다!**
> ① or 법칙 → 단독성, 개별성
>   → 문장, 式 : or 연결 → +(더한다)
> ② and 법칙 → 동시성, 연속성
>   → 문장, 式 : and 연결 → ×(곱한다)

式(법 식)

기 | 본 | 예 | 제 02

오른쪽 그림을 보고 갑, 을 두 사람이 A에서 B까지 가는 경우의 수를 구하시오. (단, 한 사람이 통과한 중간 지점을 다른 사람이 통과할 수 없다.)

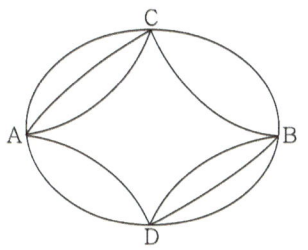

탐구 'or'는 단독성, 개별성을 지니고 'and'는 동시성, 연속성을 지니고 있다는 점에 주의!

풀이 갑$(A \to C \to B)$ & 을$(A \to D \to B)$ or 갑$(A \to D \to B)$ & 을$(A \to C \to B)$

$(3 \times 2) \times (2 \times 3) + (2 \times 3) \times (3 \times 2) = 72$

정답 72

유제 02-1 오른쪽 그림과 같은 도로에서 A에서 C까지 가는 경우의 수를 구하시오. (단, 같은 지점을 두 번 이상 지나지 않는다.)

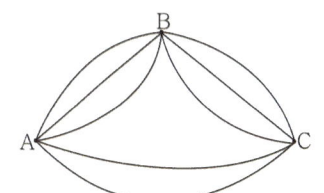

유제 02-2 오른쪽 그림과 같은 도로에서 A에서 C까지 갔다가 돌아오는 경우의 수를 구하시오. (단, 갈 때 통과한 지점은 올 때 통과할 수 없다.)

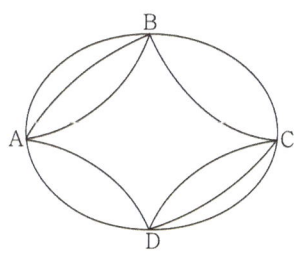

기|본|예|제 03

1000원, 5000원, 10000원짜리의 지폐를 모두 사용하여 42000원을 지불하는 경우의 수를 구하시오. (단, 지폐는 총 15장 이하를 사용한다.)

탐구 $ax+by+cz=k$를 만족하는 양의 정수 $(x,\ y,\ z)$의 개수는 계수가 가장 큰 항을 기준으로 삼아 분류한다.

풀이 10000원짜리 x장, 5000원짜리 y장, 1000원짜리 z장을 사용한다고 하자.

각각의 지폐를 한 장 이상씩 사용해야 하고 총 15장이 넘지 않아야 하므로

$$3 \le x+y+z \le 15 \quad \cdots ①$$

주어진 지폐로 42000원을 지불해야 하므로

$$10000x+5000y+1000z=42000$$

$$10x+5y+z=42 \ (단,\ x \ge 1,\ y \ge 1,\ z \ge 1) \quad \cdots ②$$

①, ②를 이용하여 표를 작성하면

x	1	1	2	2	3	3
y	5	6	3	4	1	2
z	7	2	7	2	7	2
$x+y+z$	13	9	12	8	11	7

따라서 구하는 경우의 수는 6가지이다.

정답 6

유제 03-1 $3x+2y=15$를 만족하는 양의 정수 x, y에 대하여 순서쌍 $(x,\ y)$의 개수를 구하시오.

유제 03-2 10원, 50원, 100원짜리 동전을 모두 사용하여 360원을 지불하는 경우의 수를 구하시오. (단, 동전은 20개 이하를 사용한다.)

기|본|예|제 04

54의 양의 약수의 개수를 구하시오.

탐구 $x^a y^b z^c$의 양의 약수의 개수 → $(a+1)(b+1)(c+1)$

풀이 54를 소인수분해하면

$$54 = 2 \times 3^3$$

2의 약수는 1, 2의 2개이고 3^3의 약수는 1, 3, 3^2, 3^3의 4개이므로

54의 약수의 개수는 $2 \times 4 = 8$이다.

정답 8

유제 04-1 675의 양의 약수의 개수를 구하시오.

유제 04-2 250과 400의 양의 공약수의 개수를 구하시오.

기|본|예|제 05

다항식 $(x+y)(a+b+c)$를 전개하면 생기는 항의 개수를 구하시오.

탐구 $(a+b)(c+d+e)$의 전개식의 항의 개수 : $2 \times 3 = 6$

풀이 준식을 전개하면 x, y와 a, b, c 중 하나씩 선택하여 곱하게 되므로 항의 개수는
$2 \times 3 = 6$이다.

정답 6

유제 05-1 다항식 $(x+2)(a+b) + (y-1)(c+d)$를 전개하면 생기는 항의 개수를 구하시오.

유제 05-2 다항식 $(a+b+c)(p+q+r) - (a+b)(s+t)$를 전개하면 생기는 항의 개수를 구하시오.

2 지불 방법의 수와 지불 금액의 수

[1] 저액권 몇 장의 합이 고액권과 일치하지 않는 경우
→ 지불 방법의 수와 지불 금액의 수는 일치한다.

[2] 저액권 몇 장의 합이 고액권과 일치하는 경우
→ 지불 방법의 수와 지불 금액의 수는 일치하지 않는다.

강의 지불 방법의 수와 지불 금액의 수는 저액권의 합이 고액권이 되는지를 꼭 확인해야 한다!

→ 지불 방법의 가짓수 ≥ 지불 금액의 가짓수

[Case 1] 저액권(+) ≠ 고액권

→ 지불 방법의 가짓수 = 지불 금액의 가짓수

[Case 2] 저액권(+) = 고액권

→ 지불 방법의 가짓수 > 지불 금액의 가짓수

주의 저액권의 합이 고액권이 될 때에는 지불 금액의 가짓수는 고액권을 저액권으로 환산하여 구한다.

기|본|예|제 06

500원짜리 동전 4개와 100원짜리 동전 4개가 있을 때, 지불할 수 있는 방법의 수와 지불할 수 있는 금액의 수를 구하시오. (단, 0원을 지불하는 경우는 제외한다.)

탐구 동전 4개를 지불하는 방법은 0, 1, 2, 3, 4개를 지불하는 경우의 5가지이다.

풀이 i) 각각의 지불할 수 있는 방법의 수를 구하면

500원짜리 동전 4개 → 5가지

100원짜리 동전 4개 → 5가지

따라서 지불할 수 있는 방법의 수는 $5 \times 5 - 1 = 24$

ii) 저액권을 이용하여 고액권을 만들 수 없으므로 지불할 수 있는 금액의 수는 지불할 수 있는 방법의 수와 같다. 따라서 지불할 수 있는 금액의 수는 24이다.

정답 지불할 수 있는 방법의 수 : 24, 지불할 수 있는 금액의 수 : 24

유제 06-1 10원짜리 동전 5개, 100원짜리 동전 4개, 500원짜리 동전 2개가 있을 때, 이들을 이용하여 지불할 수 있는 방법의 수와 지불할 수 있는 금액의 수를 구하시오. (단, 0원을 지불하는 경우는 제외한다.)

유제 06-2 10000원짜리 지폐 3장, 1000원짜리 지폐 2장, 100원짜리 동전 5개가 있을 때, 이들을 이용하여 지불할 수 있는 방법의 수와 지불할 수 있는 금액의 수를 구하시오. (단, 0원을 지불하는 경우는 제외한다.)

1000원짜리 지폐 1장, 500원짜리 동전 4개, 100원짜리 동전 3개, 10원짜리 동전 2개가 있을 때, 지불할 수 있는 방법의 수와 지불할 수 있는 금액의 수를 구하시오. (단, 0원을 지불하는 경우는 제외한다.)

탐구 ① 1000원권 1장을 지불하는 방법은 1장을 지불하는 경우와 지불하지 않는 경우의 2가지이다.
② 저액권의 합이 고액권이 될 때는 고액권을 저액권으로 환산하여 지불 방법의 수를 구한다.

풀이 i) 각각의 지불할 수 있는 방법의 수를 구하면

　　　　1000원 지폐 1장　→ 2가지
　　　　500원 동전 4개　→ 5가지
　　　　100원 동전 3개　→ 4가지
　　　　10원 동전 2개　→ 3가지

　　따라서 지불할 수 있는 방법의 수는 $2 \times 5 \times 4 \times 3 - 1 = 119$

ii) 500원 4개는 고액권 1000원이 될 수 있으므로 1000원을 500원 동전 2개로 환산하여 지불할 수 있는 금액의 수를 구하면

　　　　500원 동전 6개　→ 7가지
　　　　100원 동전 3개　→ 4가지
　　　　10원 동전 2개　→ 3가지

　　따라서 지불할 수 있는 금액의 수는 $7 \times 4 \times 3 - 1 = 83$

정답 지불할 수 있는 방법의 수 : 119, 지불할 수 있는 금액의 수 : 83

유제 07-1 10000원짜리 지폐 1장, 5000원짜리 지폐 1장, 1000원짜리 지폐 9장이 있을 때, 다음을 구하시오. (단, 0원을 지불하는 경우는 제외한다.)
(1) 지불할 수 있는 방법의 수
(2) 지불할 수 있는 금액의 수

유제 07-2 5000원짜리 지폐 1장, 1000원짜리 지폐 5장과 100원짜리 동전 1개, 50원짜리 동전 5개가 있을 때, 다음을 구하시오. (단, 0원을 지불하는 경우는 제외한다.)
(1) 지불할 수 있는 방법의 수
(2) 지불할 수 있는 금액의 수

반복학습 기록란.

가장 좋은 학습방법은 학교에서나 학원에서나 선생님의 강의를 열심히 듣고 여러 번 반복학습하는 것입니다.
지금부터 당장 선생님의 강의를 열심히 듣고 반복! 반복하십시오. 그러면 곧 모든 과목에 자신이 생길 것입니다.

회수	시작이 반!			끝을 봐야!			확인
제1회	년	월	일 부터	년	월	일 까지	
제2회	년	월	일 부터	년	월	일 까지	
제3회	년	월	일 부터	년	월	일 까지	
제4회	년	월	일 부터	년	월	일 까지	
제5회	년	월	일 부터	년	월	일 까지	
제6회	년	월	일 부터	년	월	일 까지	
제7회	년	월	일 부터	년	월	일 까지	
제8회	년	월	일 부터	년	월	일 까지	
제9회	년	월	일 부터	년	월	일 까지	
제10회	년	월	일 부터	년	월	일 까지	

A Step 연습 문제

▶ 연습문제 A는 앞에서 배운 기초 단계의 문제이므로 선생님의 도움 없이 스스로 풀어 자신의 실력을 점검해 보도록 하자.

01 한 개의 주사위를 던질 때, 다음 사건의 경우의 수를 구하시오.
(1) 짝수의 눈이 나온다.　　　　　　　　(2) 6의 약수의 눈이 나온다.

02 빨간 구슬 1개, 흰 구슬 2개, 검은 구슬 3개가 들어있는 주머니에서 3개의 구슬을 꺼내는 경우의 수를 구하시오.

03 서울에서 대전까지 가는 교통편은 버스를 이용하는 방법 3가지, 기차를 이용하는 방법 4가지가 있다. 서울에서 대전까지 버스 또는 기차를 이용하여 가는 경우의 수를 구하시오.

04 동전 두 개와 주사위 한 개를 동시에 던질 때, 나올 수 있는 경우의 수를 구하시오.

05 오른쪽 그림과 같이 나누어진 5개의 영역에 서로 다른 5가지 색을 칠하려고 한다. 이때 같은 색을 중복해도 되지만 이웃하는 영역에는 서로 다른 색을 칠하는 경우의 수를 구하시오. (단, 각 영역에는 한 가지 색만 칠한다.)

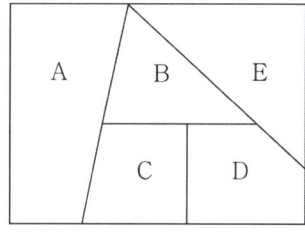

06 두 개의 주사위를 동시에 던질 때, 나오는 눈의 수의 합이 5 또는 8이 되는 경우의 수를 구하시오.

07 오른쪽 그림을 보고 갑, 을 두 사람이 A에서 B까지 가는 경우의 수를 구하시오. (단, 한 사람이 통과한 중간 지점을 다른 사람이 통과할 수 없다.)

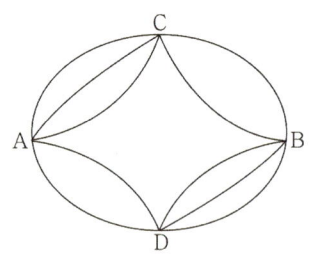

08 $3x + 2y = 15$를 만족하는 양의 정수 x, y에 대하여 순서쌍 (x, y)의 개수를 구하시오.

09 54의 양의 약수의 개수를 구하시오.

10 다항식 $(x+y)(a+b+c)$를 전개하면 생기는 항의 개수를 구하시오.

11 500원짜리 동전 4개와 100원짜리 동전 4개가 있을 때, 지불할 수 있는 방법의 수와 지불할 수 있는 금액의 수를 구하시오. (단, 0원을 지불하는 경우는 제외한다.)

12 1000원짜리 지폐 1장, 500원짜리 동전 4개, 100원짜리 동전 3개, 10원짜리 동전 2개가 있을 때, 지불할 수 있는 방법의 수와 지불할 수 있는 금액의 수를 구하시오. (단, 0원을 지불하는 경우는 제외한다.)

▶ 연습문제 B는 앞에서 배운 문제 중 응용단계의 문제이므로 연습장에 스스로 풀어보고 잘 풀리지 않으면 처음부터 다시 공부한 후 자신이 있을 때 다시 풀어 보도록 하자.

01 주사위를 두 번 던져서 나온 눈의 수의 합이 3 또는 7이 되는 경우의 수를 구하시오.

02 동전 세 개와 주사위 한 개를 동시에 던졌을 때, 다음을 구하시오.
(1) 동전은 모두 앞면이 나오고 주사위는 홀수의 눈이 나오는 경우의 수
(2) 동전은 앞면이 1개 나오고, 주사위는 3의 배수의 눈이 나오는 경우의 수

03 깃발 올리고 내리기로 신호를 만들려고 합니다. 3개의 깃발로 만들 수 있는 신호는 몇 가지인지 구하시오.

04 오른쪽 그림과 같이 나누어진 5개의 영역에 서로 다른 4가지 색을 칠하려고 한다. 이때 같은 색을 중복해도 되지만 이웃하는 영역에는 서로 다른 색을 칠하는 경우의 수를 구하시오. (단, 각 영역에는 한 가지 색만 칠한다.)

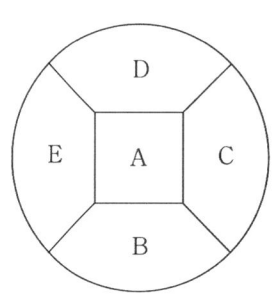

05 n을 200 이하의 자연수라 할 때, 18 또는 24로 나누어떨어지는 n의 개수를 구하시오.

06 오른쪽 그림과 같은 도로에서 A에서 C까지 갔다가 돌아오는 경우
의 수를 구하시오. (단, 갈 때 통과한 지점은 올 때 통과할 수 없다.)

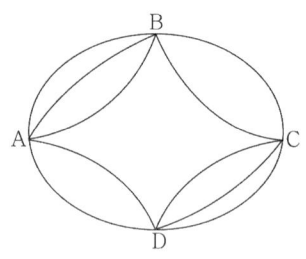

07 1000원, 5000원, 10000원짜리의 지폐를 모두 사용하여 42000원을 지불하는 경우의 수를
구하시오. (단, 지폐는 총 15장 이하를 사용한다.)

08 250과 400의 양의 공약수의 개수를 구하시오.

09 다항식 $(a+b+c)(p+q+r)-(a+b)(s+t)$를 전개하면 생기는 항의 개수를 구하시오.

10 10000원짜리 지폐 3장, 1000원짜리 지폐 2장, 100원짜리 동전 5개가 있을 때, 이들을 이용하여
지불할 수 있는 방법의 수와 지불할 수 있는 금액의 수를 구하시오. (단, 0원을 지불하는 경우는
제외한다.)

11 5000원짜리 지폐 1장, 1000원짜리 지폐 5장과 100원짜리 동전 1개, 50원짜리 동전 5개가
있을 때, 다음을 구하시오. (단, 0원을 지불하는 경우는 제외한다.)
(1) 지불할 수 있는 방법의 수
(2) 지불할 수 있는 금액의 수

VI.

경우의 수

P A R T

02

순열과 조합

◆ 중·고교 연결과정 선수학습

1 순열

2 조합

◆ 반복학습 기록란

◆ 연습문제 (A)(B)

명언

피할 수 없으면 즐겨라.
- 로버트 엘리엇 -

1 한 줄로 세우는 경우의 수

[1] n명을 한 줄로 세우는 경우의 수

➜ $n(n-1)(n-2) \times \cdots \times 3 \times 2 \times 1$

[2] n명 중 두 명을 뽑아 한 줄로 세우는 경우의 수

➜ $n(n-1)$

[3] n명 중 세 명을 뽑아 한 줄로 세우는 경우의 수

➜ $n(n-1)(n-2)$

강의 **한 줄로 세우는 경우의 수를 고등학교에서 순열의 수라고 한다!**

① n명 한 줄로 세우는 경우

→ $n(n-1)(n-2) \times \cdots \times 3 \times 2 \times 1$

② n명 중 2명 한 줄로 세우는 경우

→ $n(n-1)$

③ n명 중 3명 한 줄로 세우는 경우

→ $n(n-1)(n-2)$

기|본|예|제 **01**

A, B, C, D, E 다섯 문자를 한 줄로 세우는 경우의 수를 구하시오.

탐구 ① n개를 한 줄로 세우는 경우 → $n \cdot (n-1) \cdot (n-2) \times \cdots \times 3 \times 2 \times 1$

② n개 중 두 개를 뽑아 한 줄로 세우는 경우 → $n \cdot (n-1)$

③ n개 중 세 개를 뽑아 한 줄로 세우는 경우 → $n \cdot (n-1) \cdot (n-2)$

풀이 다섯 문자를 한 줄로 세우는 경우이므로

$$5 \times 4 \times 3 \times 2 \times 1 = 120$$

정답 120

유제 **01-1** 서로 다른 7개의 색 중 두 가지 색을 골라 한 줄로 늘어놓는 경우의 수를 구하시오.

유제 **01-2** 수학 참고서 2권, 영어 참고서 3권이 있다. 책꽂이에 꽂을 때, 수학 참고서가 양 끝에 오게 꽂는 경우의 수를 구하시오.

2 한 줄로 세울 때 이웃하는 경우의 수

첫째, 이웃하는 것을 하나로 묶는다.
둘째, 한 줄로 세우는 경우의 수를 구한다.
셋째, 묶음 안에서 줄 세우는 경우의 수를 구해 곱한다.

> **강의** 이웃하여 줄 세우는 경우의 수는 보따리 ( )로 묶고 생각한다!
>
> → 이웃하는 것 묶음 → 한 줄로 세우기 → 묶음 속 줄 세우기

기|본|예|제 **02**

부모님과 자녀 2명이 가족 사진을 찍으려고 한다. 부모님은 이웃하게 서고 가족 모두 한 줄로 서서 찍는 경우의 수를 구하시오.

탐구 부모님을 한 묶음으로 보고 줄을 세운 후 부모님이 서로 자리를 바꾸는 경우의 수를 곱한다.

풀이 부모님이 이웃하므로 부모님을 한 묶음으로 보고 한 줄로 서는 경우의 수를 구하면

$$3 \times 2 \times 1 = 6$$

묶음 속 부모님이 자리를 바꾸는 경우의 수가 2이므로 구하는 경우의 수는

$$6 \times 2 = 12$$

정답 12

유제 02-1 수학 참고서 2권, 영어 참고서 3권을 책꽂이에 꽂을 때, 수학 참고서를 이웃하게 꽂는 경우의 수를 구하시오.

유제 02-2 a, b, c, d, e 다섯 문자를 한 줄로 늘어놓을 때, 자음이 서로 이웃하게 되는 경우의 수를 구하시오.

3 대표 뽑는 경우의 수

[1] 자격이 다른 대표 뽑는 경우의 수

➔ 한 줄로 세우는 경우의 수와 같다.

[2] 자격이 같은 대표 뽑는 경우의 수

(1) n명 중 자격이 같은 대표 두 명을 뽑는 경우 → $\dfrac{n(n-1)}{2}$

(2) n명 중 자격이 같은 대표 세 명을 뽑는 경우 → $\dfrac{n(n-1)(n-2)}{6}$

강의 대표 뽑기는 서열이나 자격이 다른지, 같은지를 꼭 확인해야 한다!

① 자격이 다른 경우 → 한 줄로 세우는 경우의 수와 같다.

② 자격이 같은 경우 → n명 중 2명 → $\dfrac{n(n-1)}{2\times1}$

→ n명 중 3명 → $\dfrac{n(n-1)(n-2)}{3\times2\times1}$

기|본|예|제 03

5명의 후보 중 다음을 뽑는 경우의 수를 구하시오.

(1) 회장 1명과 부회장 1명   (2) 대표 2명

탐구 자격이 같은지 다른지 판단하여 경우의 수를 구한다.

풀이 (1) 자격이 다른 경우이므로 5명 중 2명을 뽑아 줄 세우는 경우의 수와 같다.

$$5\times4=20$$

(2) 자격이 같은 경우이므로

$$\dfrac{5\times4}{2}=10$$

✔정답 (1) 20   (2) 10

유제 03-1 어느 고등학교 1학년 7개 반이 축구 경기를 하려고 한다. 모든 반이 서로 빠짐없이 경기를 한 번씩 하려면 몇 번의 경기를 해야 하는지 구하시오.

유제 03-2 다섯 개의 수학여행 후보지가 있다. A, B 두 반이 서로 다른 곳을 골라 수학여행을 가게 되는 경우의 수를 구하시오.

01 순열

1 순열의 정의와 순열의 수

[1] 순열의 정의

→ 서로 다른 n개 중에서 중복되지 않게 r개를 택하여 일렬로 배열하는 것을 n개에서 r개를 뽑는 **순열**이라 하고, 이 순열의 수를 기호로 $_n\mathrm{P}_r$로 나타낸다.

서로 다른 것의 개수 → $_n\mathrm{P}_r$ ← 택하는 것의 개수

[2] 순열의 수

→ 서로 다른 n개에서 r개를 택하는 순열의 수 $_n\mathrm{P}_r$는

$$_n\mathrm{P}_r = \underbrace{n(n-1)(n-2)\cdots(n-r+1)}_{r\text{개}}\ (0 < r \le n)$$

(1) $_n\mathrm{P}_n = n! = n(n-1)(n-2)(n-3)\cdots 3\times2\times1$

(2) $_n\mathrm{P}_r = \dfrac{n!}{(n-r)!}$ (단, $0 \le r \le n$)

(3) $_n\mathrm{P}_0 = 1,\ 0! = 1,\ 1! = 1$

(4) $_n\mathrm{P}_r = n \cdot \,_{n-1}\mathrm{P}_{r-1}$

(5) $_n\mathrm{P}_r = (n-r+1)_n\mathrm{P}_{r-1}$

(6) $_n\mathrm{P}_r = r \cdot \,_{n-1}\mathrm{P}_{r-1} + \,_{n-1}\mathrm{P}_r$

강의 **순열의 수는 순서가 구별되고 중복은 불허하는 경우의 수이다!**

순서구별(○), 중복허락(×) → 순열의 수

① $_n\mathrm{P}_r = n(n-1)(n-2)(n-3)\cdots(n-r+1)$ (단, $n \ge r$) ⌈ n : 시작
⌊ r : 개수

보기 $_5\mathrm{P}_3$은 5부터 거꾸로 3개의 숫자를 곱하는 것

→ $_5\mathrm{P}_3 = 5\times4\times3$

$_n\mathrm{P}_3$은 n부터 거꾸로 3개의 숫자를 곱하는 것

→ $_n\mathrm{P}_3 = n(n-1)(n-2)$

② $_n\mathrm{P}_n = n! = n(n-1)(n-2)(n-3)\cdots 3\times2\times1$

주의 $_n\mathrm{P}_0 = 1,\ 0! = 1,\ 1! = 1,\ 5! = 120$은 꼭 기억해두어라!

다음 등식을 만족하는 자연수 n 또는 r의 값을 구하시오.

(1) $_n\mathrm{P}_2 = 20$ **(2)** $_{2n}\mathrm{P}_3 = 14 \times {}_n\mathrm{P}_3$ **(3)** $_7\mathrm{P}_r = 210$

탐구   서로 다른 n개에서 r개를 선택하는 순열의 수 $_n\mathrm{P}_r$은

$$_n\mathrm{P}_r = n(n-1)(n-2)\cdots(n-r+1) \quad (0 < r \le n)$$

풀이   (1) $_n\mathrm{P}_2 = n(n-1) = 20$

$$n(n-1) = 5 \times 4 \quad \therefore n = 5$$

(2) (좌변) $= 2n(2n-1)(2n-2)$

$$= 4n(2n-1)(n-1) \qquad \cdots ①$$

(우변) $= 14n(n-1)(n-2) \qquad \cdots ②$

$① = ②$이므로

$$4n(2n-1)(n-1) = 14n(n-1)(n-2)$$

$n \ge 3$이므로 양변을 $n(n-1)$로 나누면

$$2(2n-1) = 7(n-2) \qquad \therefore n = 4$$

(3) $210 = 7 \times 6 \times 5 \qquad \therefore r = 3$

정답   (1) $n = 5$ (2) $n = 4$ (3) $r = 3$

유제 01-1   다음 등식을 만족하는 자연수 n 또는 r의 값을 구하시오.

     (1) $_n\mathrm{P}_3 = 120$ (2) $_{10}\mathrm{P}_r = 720$

유제 01-2 $_5\mathrm{P}_r \times 4! = 1440$을 만족하는 자연수 r의 값을 구하시오.

유제 01-3 $_{2n}\mathrm{P}_4 = 70 \times {}_n\mathrm{P}_3$을 만족하는 자연수 n의 값을 구하시오. (단, $n \ge 3$)

순열의 수의 성질은 $_nP_r = n(n-1)(n-2)\cdots(n-r+1)$을 이용한다!

① $_nP_r = \dfrac{n!}{(n-r)!}$ ← 공식 증명에 활용

② $_nP_r = n \times {}_{n-1}P_{r-1}$

③ $_nP_r = (n-r+1) \times {}_nP_{r-1}$

④ $_nP_r = r \times {}_{n-1}P_{r-1} + {}_{n-1}P_r$

증명 $r \times {}_{n-1}P_{r-1} + {}_{n-1}P_r = r \times {}_{n-1}P_{r-1} + {}_{n-1}P_{r-1} \times (n-r)$

$= (r+n-r) \times {}_{n-1}P_{r-1} = n \times {}_{n-1}P_{r-1} = {}_nP_r$

기|본|예|제 **02**

다음 중에서 $_nP_r$의 성질에 맞지 않는 것을 고르시오.

① $_nP_r = \dfrac{n!}{(n-r)!}$ ② $_nP_r = n \times {}_{n-1}P_{r-1}$

③ $_nP_r = (n-r+1) \times {}_nP_{r-1}$ ④ $_nP_r = r \times {}_{n-1}P_{r-1} + {}_{n-1}P_r$

⑤ $_nP_r = {}_{n-1}P_{r-1} + {}_{n-1}P_r$

탐구　i) $_nP_r = \dfrac{n!}{(n-r)!}$을 이용하여 검증한다.

　　　ii) $_nP_r = n(n-1)(n-2)\cdots(n-r+1)$을 이용하여 검증한다.

풀이　⑤ (우변)$= {}_{n-1}P_{r-1} + {}_{n-1}P_r$

　　　　$= {}_{n-1}P_{r-1} + {}_{n-1}P_{r-1} \times (n-r)$

　　　　$= (n-r+1) \times {}_{n-1}P_{r-1}$

　　　(좌변)$= n \times {}_{n-1}P_{r-1}$

　　　(우변) $\neq$ (좌변)

　　　따라서 $_nP_r$의 성질에 맞지 않는 것은 ⑤이다.

정답　⑤

유제 **02-1**　$1 < r \leq n$일 때, $_nP_r = n\,{}_{n-1}P_{r-1}$임을 증명하시오.

유제 **02-2**　$1 < r \leq n$일 때, $_nP_r = (n-r+1) \times {}_nP_{r-1}$임을 증명하시오.

일렬로 배열하는 방법의 수는 순열의 수를 의미한다!

① n명 전체를 일렬로 배열 $\rightarrow n!$

② n명 중 r명을 뽑아 일렬로 배열 $\rightarrow {}_n\mathrm{P}_r$

기|본|예|제 03

7명의 학생이 있을 때, 다음을 구하시오.

(1) 7명의 학생을 일렬로 배열하는 경우의 수

(2) 7명 중 3명을 뽑아 일렬로 배열하는 경우의 수

탐구 ① n명을 일렬로 배열 $\rightarrow n!$ ② n명 중 r명을 뽑아서 일렬로 배열 $\rightarrow {}_n\mathrm{P}_r$

풀이 (1) 7명을 일렬로 배열하는 경우의 수는

$$7! = 7 \times 6 \times 5! = 42 \times 120 = 5040$$

(2) 7명 중 3명을 뽑아서 일렬로 배열하는 경우의 수는

$${}_7\mathrm{P}_3 = 7 \times 6 \times 5 = 210$$

정답 (1) 5040 (2) 210

유제 03-1 서로 다른 5장의 카드 중 3장을 뽑아 일렬로 배열하는 방법의 수를 구하시오.

유제 03-2 a, b, c, d, e, f의 6개의 문자 중 4개를 뽑아 일렬로 배열하여 만들 수 있는 문자열의 수를 구하시오.

유제 03-3 1부터 5까지의 자연수를 일렬로 배열할 때, 양 끝에 짝수가 놓이도록 배열하는 방법의 수를 구하시오.

① 적어도   ② not   ③ 사건복잡 → 여사건 이용

(구하는 경우의 수) = (모든 경우의 수) − (구하지 않는 경우의 수)

기|본|예|제 04

여학생 3명, 남학생 5명이 일렬로 줄을 설 때, 적어도 한쪽 끝에 남학생이 오는 경우의 수를 구하시오.

탐구 「적어도 ~」가 나오는 경우에는 여사건을 이용한다.

풀이 8명의 학생이 일렬로 서는 경우의 수는

$$8! = 8 \times 7 \times 6 \times 5! = 8 \times 7 \times 6 \times 120 = 40320 \quad \cdots ①$$

적어도 한쪽 끝에 남학생이 오는 경우의 여사건은 양쪽 끝에 모두 여학생이 오는 경우이고 이때 양쪽 끝에 모두 여학생이 오는 경우의 수는

$$_3\mathrm{P}_2 \times 6! = (3 \times 2) \times (6 \times 5!) = 36 \times 120 = 4320 \quad \cdots ②$$

따라서 적어도 한쪽 끝에 남학생이 오는 경우의 수는 ① − ②이므로 36000이다.

정답 36000

유제 04-1 a, b, c, d, e의 5개의 문자를 일렬로 배열할 때, 적어도 한쪽 끝에 자음이 오는 경우의 수를 구하시오.

유제 04-2 A, B, C, D의 4개의 문자와 a, b, c, d의 4개의 문자를 각각 일렬로 배열하여 같은 위치에 있는 문자끼리 대응시켰을 때, A와 a가 서로 대응되지 않는 경우의 수를 구하시오.

유제 04-3 1부터 7까지의 자연수 중 4개의 자연수를 뽑아 일렬로 배열할 때, 적어도 짝수가 1개 포함되는 경우의 수를 구하시오.

기|본|예|제 05

남학생 5명, 여학생 3명을 여학생 3명이 이웃하게 일렬로 배열하는 경우의 수를 구하시오.

탐구 이웃한다. → (보따리)로 묶어 1개 취급 배열 → 괄호 속 배열

남 남 남 남 남 (여 여 여)

풀이 이웃하는 여학생 3명을 묶어 한 명 취급하여 일렬로 배열하고 묶음 속 이웃한 여학생들이 일렬로 배열하는 경우의 수를 구한다.

$$6! \times 3! = 6 \times 5! \times 3! = 6 \times 120 \times 6 = 4320$$

정답 4320

유제 05-1 a, b, c, d, e, f의 6개의 문자 중 a, b, c를 서로 이웃하게 일렬로 배열하는 경우의 수를 구하시오.

유제 05-2 a, b, c, d, e, f의 6개의 문자를 일렬로 배열할 때, a와 b 사이에 2개의 문자가 들어가게 배열하는 경우의 수를 구하시오.

유제 05-3 할머니, 아버지, 어머니, 자녀 2명을 일렬로 줄을 세울 때, 할머니의 양 옆에 아버지와 어머니가 서게 되는 경우의 수를 구하시오.

유제 05-4 1, 2, 3학년 학생이 각각 3명씩 있다. 9명의 학생을 일렬로 세울 때, 같은 학년끼리 이웃하게 되는 경우의 수를 구하시오.

기│본│예│제 제 06

남학생 5명, 여학생 3명을 여학생 3명이 이웃하지 않게 일렬로 세우는 경우의 수를 구하시오.

탐구 이웃 가능한 남학생 5명 배열 × 양 끝과 사이에 여학생 배열할 자리 3개 뽑아서 배열

∨ 남 ∨ 남 ∨ 남 ∨ 남 ∨ 남 ∨

풀이 이웃 가능한 남학생 5명을 먼저 일렬로 세운 후 여학생을 양 끝과 남학생 사이에 세우는 경우의 수를 구한다.

$$5! \times {}_6P_3 = 120 \times 6 \times 5 \times 4 = 14400$$

정답 14400

유제 06-1 어른 4명, 어린이 2명이 일렬로 줄을 설 때, 어린이 2명이 이웃하지 않을 경우의 수를 구하시오.

유제 06-2 남학생 3명과 여학생 3명을 일렬로 세울 때, 남학생과 여학생이 서로 교대로 서게 되는 경우의 수를 구하시오.

a, b, c, d, e를 모두 사용하여 만든 120개의 순열을 사전식으로 $abcde$에서 $edcba$까지 나열할 때,

(1) 순열 $cdeab$는 몇 번째에 오는지 구하시오.

(2) 40번째에 오는 순열은 무엇인지 구하시오.

탐구 순차적으로 모양을 만들어 경우의 수를 구해본다.

풀이 (1) $cdeab$보다 앞에 있는 순열의 수를 구하면

a	◯	◯	◯	◯	꼴 : $4! = 24$
b	◯	◯	◯	◯	꼴 : $4! = 24$
c	a	◯	◯	◯	꼴 : $3! = 6$
c	b	◯	◯	◯	꼴 : $3! = 6$
c	d	a	◯	◯	꼴 : $2! = 2$
c	d	b	◯	◯	꼴 : $2! = 2$
c	d	e	a	b	(주어진 순열) : 1

합의 법칙에 의하여 65가지

따라서 $cdeab$는 65번째에 오는 순열이다.

(2) 40번째 순열은 어떤 문자로 시작하는가를 찾으면

a로 시작하는 것 : $4! = 24$

b로 시작하는 것 : $4! = 24$

합의 법칙에 의하여 48가지

따라서 40번째의 순열은 b로 시작하는 순열이다.

같은 방법으로 차례로 순열의 수를 구해 나가면

a	◯	◯	◯	◯	꼴의 순열의 수 $4! = 24$
b	a	◯	◯	◯	꼴의 순열의 수 $3! = 6$
b	c	◯	◯	◯	꼴의 순열의 수 $3! = 6$
b	d	a	◯	◯	꼴의 순열의 수 $2! = 2$
b	d	c	◯	◯	꼴의 순열의 수 $2! = 2$

따라서 40번째의 순열은 b d c ◯ ◯ 꼴의 마지막 순열 $bdcea$이다.

정답 (1) 65번째 (2) $bdcea$

유제 07-1 a, b, c, d의 4개의 문자를 사전식으로 배열할 때, $cbea$는 몇 번째 나타나는 문자열인지 구하시오.

유제 07-2 1, 2, 3, 4, 5의 5개의 숫자를 한 번씩만 써서 만든 다섯 자리의 수 중에서 34000보다 큰 수의 개수를 구하시오.

2 숫자를 만드는 방법

→ 맨 앞에 0이 오는 경우를 경계하여라.

[1] 순열 공식의 유도 과정을 이용하는 방법

[2] 순열 공식을 직접 이용하는 방법

(Case 1) **순열을 이용하는 경우**

서로 다른 n개의 숫자 중에서 중복을 허락하지 않고 r개를 택하여 정수를 만들 때는 순열을 이용한다.

(Case 2) **제한 조건이 있는 정수의 개수**

① 홀수인 정수 → 일의 자리의 숫자가 홀수이어야 한다.

② 짝수인 정수 → 일의 자리의 숫자가 0 또는 짝수이어야 한다.

③ 3의 배수인 정수 → 각 자리의 숫자의 합이 3의 배수이어야 한다.

④ 4의 배수인 정수 → 끝의 두 자리가 00 또는 4의 배수이어야 한다.

강의 **숫자를 만드는 방법은 순열의 수를 이용한다.**

→ n개의 숫자로 n자리 수 만드는 경우의 수 → $n!$

→ n개의 숫자 중 r개를 골라 r자리 수 만드는 경우의 수 → $_n\mathrm{P}_r$

주의 맨 앞자리에 0이 와서는 안된다.

기|본|예|제 08

0, 1, 2, 3, 4를 모두 사용하여 만들 수 있는 다섯 자리의 자연수의 개수를 구하시오.

탐구 맨 앞자리에 0이 오면 안된다.

풀이 0은 맨 앞자리에 쓸 수 없으므로 맨 앞자리에 쓸 수 있는 숫자의 개수는 4이고, 남은 네 자리에는 맨 앞자리에 쓴 수를 제외한 나머지 수를 놓으면 되므로 4!이다. 따라서 구하는 자연수의 개수는

$$4 \times 4! = 96$$

정답 96

유제 08-1 5개의 숫자 1, 2, 3, 4, 5로 만들 수 있는 세 자리 자연수의 개수를 구하시오.

유제 08-2 1부터 9까지의 숫자 중 4개의 숫자를 골라 만들 수 있는 네 자리 자연수 중 5000 보다 작은 자연수의 개수를 구하시오.

기|본|예|제 09

0, 1, 2, 3, 4, 5, 6의 7개의 숫자 중에서 서로 다른 4개의 숫자를 뽑아 만들 수 있는 네 자리 짝수의 개수를 구하시오.

탐구 짝수인 정수는 일의 자리 숫자가 0 또는 짝수인 수이다.

풀이 네 자리 수이므로 □ □ □ □로 놓고 각각의 개수를 구하면

ⅰ) 일의 자리에 0이 오는 경우

$$\boxed{\square\square\square\boxed{0}} \Rightarrow {}_6P_3 \times 1 = 6 \times 5 \times 4 = 120$$

$$\underset{{}_6P_3 \quad 1}{\uparrow \qquad \uparrow}$$

ⅱ) 일의 자리에 0이 아닌 짝수가 오는 경우

$$\square\square\square\square$$

$$\underset{5 \quad {}_5P_2 \quad 3}{\uparrow \quad \uparrow \quad \uparrow} \Rightarrow 5 \times {}_5P_2 \times 3 = 5 \times 5 \times 4 \times 3 = 300$$

ⅰ), ⅱ)에 의해 만들 수 있는 네 자리 짝수의 개수는

$$120 + 300 = 420$$

정답 420

───

유제 09-1 1, 2, 3, 4, 5, 6의 6개의 숫자 중 서로 다른 4개의 숫자를 뽑아 만들 수 있는 네 자리 홀수의 개수를 구하시오.

유제 09-2 0, 1, 2, 3, 4, 5의 6개의 숫자 중 서로 다른 4개의 숫자를 뽑아 만들 수 있는 네 자리 홀수의 개수를 구하시오.

기|본|예|제 10

1, 2, 3, 4, 5의 5개의 숫자 중에서 서로 다른 3개의 숫자를 뽑아 만들 수 있는 세 자리 정수 중 3의 배수의 개수를 구하시오.

탐구 3의 배수는 각 자리의 숫자의 합이 3의 배수인 수이다.

풀이 1, 2, 3, 4, 5의 5개의 숫자 중 합이 3의 배수가 되는 세 수를 묶으면

(1, 2, 3), (1, 3, 5), (2, 3, 4), (3, 4, 5)이고 각각의 경우의 수가 모두 3!이므로 구하는 3의 배수의 개수는

$$4 \times 3! = 24$$

정답 24

유제 10-1 1부터 9까지의 9개의 숫자 중 서로 다른 2개의 숫자를 뽑아 만들 수 있는 두 자리 정수 중 9의 배수의 개수를 구하시오.

유제 10-2 0, 1, 2, 3, 4, 5의 6개의 숫자 중에서 서로 다른 4개의 숫자를 뽑아 만들 수 있는 네 자리 정수 중 5의 배수의 개수를 구하시오.

유제 10-3 0, 1, 2, 3, 4, 5의 6개의 숫자 중에서 서로 다른 3개의 숫자를 뽑아 만들 수 있는 세 자리 정수 중 4의 배수의 개수를 구하시오.

02 조합

1 조합의 정의와 조합의 수

[1] 조합의 정의

➡ 서로 다른 n개에서 순서를 생각하지 않고 r개를 택하는 것을 n개에서 r개를 뽑는 **조합**이라 하고 이 조합의 수를 기호 $_nC_r$로 나타낸다.

서로 다른 것의 개수 $\rightarrow {}_nC_r \leftarrow$ 택하는 것의 개수

[2] 조합의 수

➡ 서로 다른 n개에서 r개를 택하는 조합의 수 $_nC_r$은

$$_nC_r = \frac{_nP_r}{r!} = \frac{n(n-1)\cdots(n-r+1)}{r!} = \frac{n!}{r!(n-r)!} \ (\text{단, } 0 \le r \le n)$$

(1) $_nC_r = {}_nC_{r'}$이면 $r' = r$ 또는 $r' = n-r$이다. $\rightarrow {}_nC_r = {}_nC_{n-r}$

(2) $_nC_r = {}_{n-1}C_{r-1} + {}_{n-1}C_r$

(3) $_nC_r = \dfrac{n \cdot {}_{n-1}P_{r-1}}{r!}$

강의 **조합의 수는 순서 구별도 안 되고 중복 허락도 안 되는 경우의 수이다!**

(1) 의미

$\begin{cases} \text{조합(1단계)} \rightarrow \text{뽑는다.} \rightarrow {}_nC_r \\ \text{순열(2단계)} \rightarrow \text{뽑고 배열한다.} \rightarrow {}_nP_r \end{cases}$

$\rightarrow {}_nP_r = {}_nC_r \times r! \quad \therefore {}_nC_r = \dfrac{_nP_r}{r!}$

(2) 성질

① $_nC_r = {}_nC_{n-r} \rightarrow {}_nC_r = {}_nC_{r'} \Leftrightarrow r' = r, \ r' = n-r$

② $_nC_r = \dfrac{_nP_r}{r!} = \dfrac{n!}{r!(n-r)!} \leftarrow$ 공식 증명에 활용

③ $_nC_r = \dfrac{n}{r}({}_{n-1}C_{r-1})$

주의 이항분리 공식

① $_nP_r = r({}_{n-1}P_{r-1}) + {}_{n-1}P_r$

② $_nC_r = {}_{n-1}C_{r-1} + {}_{n-1}C_r$

다음 등식을 만족하는 n 또는 r의 값을 구하시오.

(1) $_n\mathrm{C}_3 = {}_n\mathrm{C}_4$　　　　　　　　　　　(2) $_{10}\mathrm{C}_{r+2} = {}_{10}\mathrm{C}_{2r+2}$

탐구　　　$_n\mathrm{C}_r = {}_n\mathrm{C}_{r'}$이면 $r' = r$ 또는 $r' = n - r$ 이다.

풀이　　(1) $_n\mathrm{C}_r = {}_n\mathrm{C}_{n-r}$이므로

　　　　　　$r = 3$이라 할 때, $n - 3 = 4$　　∴ $n = 7$

　　　　　(2) $_{10}\mathrm{C}_{r+2} = {}_{10}\mathrm{C}_{2r+2}$이므로

　　　　　　$r + 2 = 2r + 2$ 또는 $10 - (r + 2) = 2r + 2$　　　∴ $r = 0, \ 2$

정답　　(1) $n = 7$　　　(2) $r = 0$ 또는 2

유제 11-1　다음 등식을 만족하는 n 또는 r의 값을 구하시오.

　　　　　(1) $_{12}\mathrm{C}_r = {}_{12}\mathrm{C}_{r-4}$　　　　　　(2) $_{2n+1}\mathrm{C}_3 = 84$

유제 11-2　다음 등식이 성립함을 증명하시오.

$$_n\mathrm{C}_r = {}_{n-1}\mathrm{C}_{r-1} + {}_{n-1}\mathrm{C}_r \ \ (단, \ 1 \le r < n)$$

강의 **순열과 조합의 구별법은 순서와 서열과 기분에 따라 나누어진다!**

　순열 → 순서(有), 서열(有), 기분(異)

　조합 → 순서(無), 서열(無), 기분(同)

有(있을 유)　　異(다를 이)　　無(없을 무)　　同(같을 동)

7명의 학생 중에서 다음 조건에 맞는 선출 방법의 수를 구하시오.

(1) 회장, 부회장, 서기를 뽑는 방법의 수

(2) 위원 세 명을 뽑는 방법의 수

탐구　　① 서열이 있으면 순열이다.　　② 서열이 없으면 조합이다.

풀이　　(1) $_7\mathrm{P}_3 = 7 \times 6 \times 5 = 210$

　　　　　(2) $_7\mathrm{C}_3 = \dfrac{7 \times 6 \times 5}{3 \times 2 \times 1} = 35$

정답　　(1) 210　　　(2) 35

유제 **12-1** 1부터 10까지의 수 중 3개의 수를 선택할 때, 홀수 2개와 짝수 1개를 선택하는 경우의 수를 구하시오.

유제 **12-2** 남학생 7명과 여학생 6명이 있다. 이 중에서 4명의 위원을 뽑을 때, 남학생 2명, 여학생 2명을 뽑는 방법의 수를 구하시오.

강의 적어도~, ~가 아닌 사건이 복잡할 때 여사건을 이용한다!

➡ 「적어도~」가 있는 경우의 수

(구하는 경우의 수)=(모든 경우의 수)−(구하지 않는 경우의 수)

기|본|예|제 **13**

남학생 5명과 여학생 4명 중 3명의 학생을 뽑을 때, 여학생을 적어도 한 명 뽑는 경우의 수를 구하시오.

탐구 「적어도~」가 있는 경우의 수=(모든 경우의 수)−(구하지 않는 경우의 수)

풀이 9명의 학생 중 3명의 학생을 뽑는 경우의 수는

$$_9C_3 = \frac{9 \times 8 \times 7}{3 \times 2 \times 1} = 84$$

여학생을 적어도 한 명 뽑는 사건의 여사건은 남학생 중 3명을 뽑는 사건이므로

$$_5C_3 = {}_5C_2 = \frac{5 \times 4}{2 \times 1} = 10$$

따라서 구하는 경우의 수는

$$84 - 10 = 74$$

정답 74

유제 **13-1** 남자 5명, 여자 4명 중에서 3명을 뽑을 때, 남녀가 각각 적어도 1명씩 포함되는 경우의 수를 구하시오.

유제 **13-2** 남녀 합해서 12명의 학생이 있다. 이 중에서 2명의 대표를 뽑는데 남학생이 적어도 한 명 포함하는 방법이 30가지일 때, 여학생의 수를 구하시오.

강의 **반드시 포함 or 불포함하는 경우의 수는 제외하고 생각 or 계산하라!**

① 반드시 포함하는 경우의 수

　➜ 제외하고 계산한 후 포함시킨다.

② 반드시 불포함하는 경우의 수

　➜ 제외하고 계산한 후 불포함시킨다.

기 | 본 | 예 | 제 **14**

상자 속에 서로 색이 다른 공이 12개 들어있다. 이 중에서 5개를 꺼낼 때, 정해 놓은 색의 공 2개가 항상 포함되는 경우의 수를 구하시오.

탐구 '반드시 포함된다"의 처리방법 → 제외하고 생각한다.

풀이 정해 놓은 색의 공 2개를 미리 뽑은 후 나머지 10개에서 3개를 뽑는 경우의 수를 생각한다.

$$_{10}C_3 = 120$$

정답 120

유제 14-1 남자 4명과 여자 6명에서 4명을 선출할 때, 특별한 남자 1명과 특별한 여자 1명이 반드시 선출되는 경우의 수를 구하시오.

유제 14-2 20명 중에서 4명의 위원을 선출할 때, 특별한 2명이 선출되지 않는 경우의 수를 구하시오.

유제 14-3 1부터 9까지의 숫자 중에서 서로 다른 3개의 숫자를 선택할 때, 3의 배수인 숫자는 포함되지 않는 경우의 수를 구하시오.

유제 14-4 6개의 문자 A, B, C, D, E, F 중에서 3개의 문자를 뽑을 때, A는 포함하고 B는 포함하지 않는 경우의 수를 구하시오.

기 | 본 | 예 | 제 15

남녀 각각 5명씩 10명의 사람이 있다. 이때 그 중에서 남자 3명, 여자 2명을 뽑아 일렬로 세우는 방법의 수를 구하시오.

탐구 순열과 조합이 섞인 문제의 해법 → 우선 뽑고, 나중에 배열한다.

풀이 남자 3, 여자 2명을 뽑는 방법의 수는 $_5C_3 \times _5C_2$이고 5명을 일렬로 세우는 방법의 수는 5! 이므로 구하는 방법의 수는

$$_5C_3 \times _5C_2 \times 5! = 10 \times 10 \times 120 = 12000$$

정답 12000

유제 15-1 남자 5명, 여자 3명의 선수 중 4명을 뽑아 순서대로 번호를 정할 때, 여자가 2명 뽑히는 방법의 수를 구하시오.

유제 15-2 A, B, C, D, E, F의 6개의 문자 중 4개의 문자를 뽑아 일렬로 배열할 때, 모음이 모두 포함되는 경우의 수를 구하시오.

그림과 같이 평면상에 16개의 점이 존재할 때, 주어진 점을 이어서 만들 수 있는

  (1) 직선의 개수   (2) 삼각형의 개수

를 구하시오.

탐구   ① $_nC_2 \rightarrow$ 직선 결정   ② $_nC_3 \rightarrow$ 삼각형 결정

풀이   (1) 16개의 점에서 2개의 점을 이어서 만든 직선의 개수를 구하면

$$_{16}C_2 = 120$$

일직선 위에 있는 4개의 점에서 2개의 점을 이어서 만든 직선의 개수를 구하면

$$10 \times {}_4C_2 = 60$$

일직선 위에 있는 3개의 점에서 2개의 점을 이어서 만든 직선의 개수를 구하면

$$4 \times {}_3C_2 = 12$$

일직선 위에 있는 4개의 점과 3개의 점을 이어서 만들 수 있는 직선의 개수를 구하면

$$10 + 4 = 14$$

따라서 만들 수 있는 직선의 개수는

$$120 - 60 - 12 + 14 = 62$$

(2) 16개의 점에서 3개의 점을 택하는 경우의 수는

$$_{16}C_3 = 560$$

일직선 위에 있는 4개의 점에서 3개의 점을 택하는 경우의 수는

$$10 \times {}_4C_3 = 40$$

일직선 위에 있는 3개의 점에서 3개의 점을 택하는 경우의 수는

$$4 \times {}_3C_3 = 4$$

따라서 만들 수 있는 삼각형의 개수는

$$560 - 40 - 4 = 516$$

정답   (1) 62   (2) 516

유제 16-1   오른쪽 그림과 같이 정사각형의 둘레에 일정한 간격으로 배열된 16개의 점으로 만들 수 있는 서로 다른 직선의 개수를 구하시오.

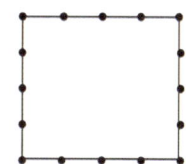

유제 16-2   오른쪽 그림과 같이 반원 위에 배열된 7개의 점 중 3개의 점을 이어 만들 수 있는 삼각형의 개수를 구하시오.

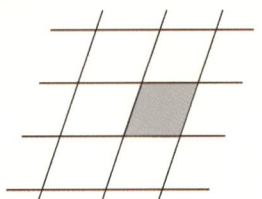

기|본|예|제 **17**

오른쪽 그림과 같이 평행한 직선이 만날 때, 이 직선으로 만들 수 있는 평행사변형의 개수를 구하시오.

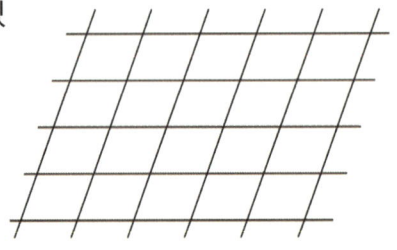

탐구   가로선 중 2개, 세로선 중 2개 → 평행사변형

풀이   가로선 5개 중 2개를 뽑고 세로선 6개 중 2개를 뽑으면 평행사변형이 된다.

$$_5C_2 \times _6C_2 = 150$$

정답   150

유제 **17-1**   오른쪽 그림과 같이 수직으로 만나는 가로선과 세로선이 일정한 간격으로 배열되어 있다. 이 도형에서 만들 수 있는 사각형 중 다음을 구하시오.

(1) 직사각형의 개수   (2) 정사각형의 개수

유제 **17-2**   오른쪽 그림과 같이 수직으로 만나는 가로선과 세로선이 일정한 간격으로 배열되어 있다. 이 도형에서 만들 수 있는 사각형 중 정사각형이 아닌 직사각형의 개수를 구하시오.

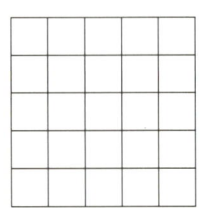

2 분할과 분배

[1] 분할은 나누는 것이고, 분배는 나누어 주는 것이다.

[2] 반드시 분할한 다음에 분배해야 한다.

  * 1개, 2개, 3개로 분할, 분배하는 경우

  → 분할 : $_6C_1 \times _5C_2 \times _3C_3$

  → 분배 : $_6C_1 \times _5C_2 \times _3C_3 \times 3!$

강의 **분할과 분배의 차이점을 잘 파악해두어라!**

  → 분할(1단계) : 나누는 것

  → 분배(2단계) : 나누어 주는 것

기|본|예|제 **18**

색이 다른 6개의 구슬을 1개, 2개, 3개로 나누는 경우의 수와 나눈 구슬을 모양이 다른 3개의 접시에 나누어 담는 경우의 수를 각각 구하시오.

탐구 분할 → 나누는 것, 분배 → 나누어 주는 것

풀이 (1개) (2개) (3개)

ⅰ) 나누는 경우의 수 : $_6C_1 \times _5C_2 \times _3C_3 = 60$

ⅱ) 나누어 담는 경우의 수 : $_6C_1 \times _5C_2 \times _3C_3 \times 3! = 360$

정답 나누는 경우의 수 : 60, 나누어 담는 경우의 수 : 360

유제 18-1 6명의 승객이 3대의 택시에 나누어 타는 경우의 수를 구하시오.
(단, 택시는 구별하지 않고 한 차에 적어도 한 명은 탄다.)

유제 18-2 서로 다른 6개의 공을 두 바구니 A, B에 나누어 담는 경우의 수를 구하시오.
(단, 한 바구니에 적어도 한 개의 공을 담는다.)

반복학습 기록란.

가장 좋은 학습방법은 학교에서나 학원에서나 선생님의 강의를 열심히 듣고 여러 번 반복학습하는 것입니다.
지금부터 당장 선생님의 강의를 열심히 듣고 반복! 반복하십시오. 그러면 곧 모든 과목에 자신이 생길 것입니다.

회수	시작이 반!			끝을 봐야!			확인
제1회	년	월	일 부터	년	월	일 까지	
제2회	년	월	일 부터	년	월	일 까지	
제3회	년	월	일 부터	년	월	일 까지	
제4회	년	월	일 부터	년	월	일 까지	
제5회	년	월	일 부터	년	월	일 까지	
제6회	년	월	일 부터	년	월	일 까지	
제7회	년	월	일 부터	년	월	일 까지	
제8회	년	월	일 부터	년	월	일 까지	
제9회	년	월	일 부터	년	월	일 까지	
제10회	년	월	일 부터	년	월	일 까지	

▶ 연습문제 A는 앞에서 배운 기초 단계의 문제이므로 선생님의 도움 없이 스스로 풀어 자신의 실력을 점검해 보도록 하자.

01 A, B, C, D, E 다섯 문자를 한 줄로 세우는 경우의 수를 구하시오.

02 부모님과 자녀 2명이 가족 사진을 찍으려고 한다. 부모님은 이웃하게 서고 가족 모두 한 줄로 서서 찍는 경우의 수를 구하시오.

03 5명의 후보 중 다음을 뽑는 경우의 수를 구하시오.
(1) 회장 1명과 부회장 1명   (2) 대표 2명

04 다음 등식을 만족하는 자연수 n 또는 r의 값을 구하시오.
(1) $_n\mathrm{P}_3 = 120$ (2) $_{10}\mathrm{P}_r = 720$

05 7명의 학생이 있을 때, 다음을 구하시오.
(1) 7명의 학생을 일렬로 배열하는 경우의 수
(2) 7명 중 3명을 뽑아 일렬로 배열하는 경우의 수

06 여학생 3명, 남학생 5명이 일렬로 줄을 설 때, 적어도 한쪽 끝에 남학생이 오는 경우의 수를 구하시오.

07 남학생 5명, 여학생 3명을 여학생 3명이 이웃하게 일렬로 배열하는 경우의 수를 구하시오.

08   남학생 5명, 여학생 3명을 여학생 3명이 이웃하지 않게 일렬로 세우는 경우의 수를 구하시오.

09 a, b, c, d의 4개의 문자를 사전식으로 배열할 때, $cbea$는 몇 번째 나타나는 문자열인지 구하시오.

10   5개의 숫자 1, 2, 3, 4, 5로 만들 수 있는 세 자리 자연수의 개수를 구하시오.

11   1, 2, 3, 4, 5, 6의 6개의 숫자 중 서로 다른 4개의 숫자를 뽑아 만들 수 있는 네 자리 홀수의 개수를 구하시오.

12   0, 1, 2, 3, 4, 5의 6개의 숫자 중에서 서로 다른 4개의 숫자를 뽑아 만들 수 있는 네 자리 정수 중 5의 배수의 개수를 구하시오.

13   다음 등식을 만족하는 n 또는 r의 값을 구하시오.
(1) ${}_n C_3 = {}_n C_4$ (2) ${}_{10} C_{r+2} = {}_{10} C_{2r+2}$

14   7명의 학생 중에서 다음 조건에 맞는 선출 방법의 수를 구하시오.
(1) 회장, 부회장, 서기를 뽑는 방법의 수
(2) 위원 세 명을 뽑는 방법의 수

15 남학생 5명과 여학생 4명 중 3명의 학생을 뽑을 때, 여학생을 적어도 한 명 뽑는 경우의 수를 구하시오.

16 상자 속에 서로 색이 다른 공이 12개 들어있다. 이 중에서 5개를 꺼낼 때, 정해 놓은 색의 공 2개가 항상 포함되는 경우의 수를 구하시오.

17 남녀 각각 5명씩 10명의 사람이 있다. 이때 그 중에서 남자 3명, 여자 2명을 뽑아 일렬로 세우는 방법의 수를 구하시오.

18 오른쪽 그림과 같이 정사각형의 둘레에 일정한 간격으로 배열된 16개의 점으로 만들 수 있는 서로 다른 직선의 개수를 구하시오.

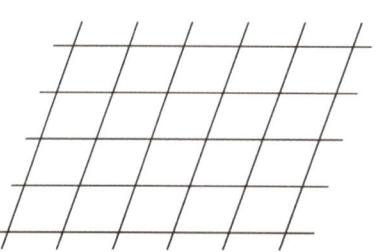

19 오른쪽 그림과 같이 평행한 직선이 만날 때, 이 직선으로 만들 수 있는 평행사변형의 개수를 구하시오.

20 6명의 승객이 3대의 택시에 나누어 타는 경우의 수를 구하시오. (단, 택시는 구별하지 않고 한 차에 적어도 한 명은 탄다.)

▶ 연습문제 B는 앞에서 배운 문제 중 응용단계의 문제이므로 연습장에 스스로 풀어보고 잘 풀리지 않으면 처음부터 다시 공부한 후 자신이 있을 때 다시 풀어 보도록 하자.

01 수학 참고서 2권, 영어 참고서 3권이 있다. 책꽂이에 꽂을 때, 수학 참고서가 양 끝에 오게 꽂는 경우의 수를 구하시오.

02 a, b, c, d, e 다섯 문자를 한 줄로 늘어놓을 때, 자음이 서로 이웃하게 되는 경우의 수를 구하시오.

03 어느 고등학교 1학년 7개 반이 축구 경기를 하려고 한다. 모든 반이 서로 빠짐없이 경기를 한 번씩 하려면 몇 번의 경기를 해야 하는지 구하시오.

04 $_{2n}P_4 = 70 \times {}_nP_3$을 만족하는 자연수 n의 값을 구하시오. (단, $n \geq 3$)

05 A, B, C, D의 4개의 문자와 a, b, c, d의 4개의 문자를 각각 일렬로 배열하여 같은 위치에 있는 문자끼리 대응시켰을 때, A와 a가 서로 대응되지 않는 경우의 수를 구하시오.

06 1부터 7까지의 자연수 중 4개의 자연수를 뽑아 일렬로 배열할 때, 적어도 짝수가 1개 포함되는 경우의 수를 구하시오.

07 a, b, c, d, e, f의 6개의 문자를 일렬로 배열할 때, a와 b 사이에 2개의 문자가 들어가게 배열하는 경우의 수를 구하시오.

08 남학생 3명과 여학생 3명을 일렬로 세울 때, 남학생과 여학생이 서로 교대로 서게 되는 경우의 수를 구하시오.

09 a, b, c, d, e를 모두 사용하여 만든 120개의 순열을 사전식으로 $abcde$에서 $edcba$까지 나열할 때,

(1) 순열 $cdeab$는 몇 번째에 오는지 구하시오.

(2) 40번째에 오는 순열은 무엇인지 구하시오.

10 1부터 9까지의 숫자 중 4개의 숫자를 골라 만들 수 있는 네 자리 자연수 중 5000보다 작은 자연수의 개수를 구하시오.

11 0, 1, 2, 3, 4, 5, 6의 7개의 숫자 중에서 서로 다른 4개의 숫자를 뽑아 만들 수 있는 네 자리 짝수의 개수를 구하시오.

12 1, 2, 3, 4, 5의 5개의 숫자 중에서 서로 다른 3개의 숫자를 뽑아 만들 수 있는 세 자리 정수 중 3의 배수의 개수를 구하시오.

13 다음 등식을 만족하는 n 또는 r의 값을 구하시오.

(1) $_{12}C_r = {}_{12}C_{r-4}$ 　　　　　　　　　　(2) $_{2n+1}C_3 = 84$

14 남학생 7명과 여학생 6명이 있다. 이 중에서 4명의 위원을 뽑을 때, 남학생 2명, 여학생 2명을 뽑는 방법의 수를 구하시오.

15 남녀 합해서 12명의 학생이 있다. 이 중에서 2명의 대표를 뽑는데 남학생이 적어도 한 명 포함하는 방법이 30가지일 때, 여학생의 수를 구하시오.

16 6개의 문자 A, B, C, D, E, F 중에서 3개의 문자를 뽑을 때, A는 포함하고 B는 포함하지 않는 경우의 수를 구하시오.

17 A, B, C, D, E, F의 6개의 문자 중 4개의 문자를 뽑아 일렬로 배열할 때, 모음이 모두 포함되는 경우의 수를 구하시오.

18 그림과 같이 평면상에 16개의 점이 존재할 때, 주어진 점을 이어서 만들 수 있는

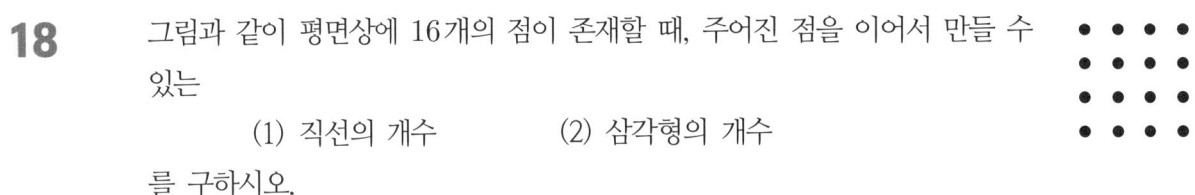

      (1) 직선의 개수   (2) 삼각형의 개수

를 구하시오.

19 오른쪽 그림과 같이 수직으로 만나는 가로선과 세로선이 일정한 간격으로 배열되어 있다. 이 도형에서 만들 수 있는 사각형 중 정사각형이 아닌 직사각형의 개수를 구하시오.

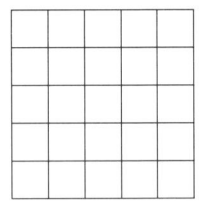

20 색이 다른 6개의 구슬을 1개, 2개, 3개로 나누는 경우의 수와 나눈 구슬을 모양이 다른 3개의 접시에 나누어 담는 경우의 수를 각각 구하시오.

VII 행렬

PART 01. 행렬과 그 연산

P A R T
01

행렬과 그 연산

명언

말이 만든 상처는 칼로 입은 상처보다 깊고 심하다.

- 모로코속담 -

〈다항식과 행렬의 곱셈의 차이점〉

다항식의 곱셈	행렬의 곱셈
$AB = BA$	$AB \neq BA$
$(A+B)^2 = A^2 + 2AB + B^2$	$(A+B)^2 \neq A^2 + 2AB + B^2$
$(A-B)^2 = A^2 - 2AB + B^2$	$(A-B)^2 \neq A^2 - 2AB + B^2$
$(A+B)(A-B) = A^2 - B^2$	$(A+B)(A-B) \neq A^2 - B^2$
$(A+B)^3 = A^3 + 3A^2B + 3AB^2 + B^3$	$(A+B)^3 \neq A^3 + 3A^2B + 3AB^2 + B^3$
$(A-B)^3 = A^3 - 3A^2B + 3AB^2 - B^3$	$(A-B)^3 \neq A^3 - 3A^2B + 3AB^2 - B^3$
$(A+B)(A^2 - AB + B^2) = A^3 + B^3$	$(A+B)(A^2 - AB + B^2) \neq A^3 + B^3$
$(A-B)(A^2 + AB + B^2) = A^3 - B^3$	$(A-B)(A^2 + AB + B^2) \neq A^3 - B^3$

〈행렬이라는 단어의 유래〉

'행렬(Matrix)'이라는 단어는 사실 아주 오래된 라틴어에서 유래됐어.

라틴어로 '행렬(Matrix)'는 '어머니' 또는 '모체'라는 뜻이야.

왜 이런 이름이 붙었을까?

수학자들은 행렬이 다양한 수와 계산을 포함하면서도 새로운 답이나 결과를 만들어내는 기본 틀이 된다고 생각했어. 마치 아기가 어머니 뱃속에서 태어나는 것처럼, 행렬이 새로운 아이디어와 답을 만들어내는 모체가 된다고 여긴 거지.

그래서 19세기 영국 수학자인 제임스 조지프 실베스터라는 사람이 'Matrix'라는 단어를 숫자가 배열된 모체로 정의한 후 처음 사용하면서 지금까지도 이렇게 부르고 있단다.

01 행렬

1 행렬의 뜻과 표시법

[1] 행렬과 그 성분

➡ 수 또는 문자를 직사각형의 모양으로 배열하여 괄호로 묶은 것을 **행렬**이라 하고, 행렬을 이루고 있는 각각의 수 또는 문자를 그 행렬의 **성분**이라 한다.

[2] 행과 열

(1) 행렬에서 성분의 가로의 배열을 **행**이라 하고, 위에서부터 차례로 제1행, 제2행, …이라 한다.

(2) 행렬에서 성분의 세로의 배열을 **열**이라 하고, 왼쪽에서부터 차례로 제1열, 제2열, …이라 한다.

$$A = \begin{pmatrix} a & b & c \\ 10 & 20 & 30 \end{pmatrix} \begin{matrix} \leftarrow \text{제1행} \\ \leftarrow \text{제2행} \end{matrix}$$

$$\begin{matrix} \downarrow & \downarrow & \downarrow \\ \text{제} & \text{제} & \text{제} \\ 1 & 2 & 3 \\ \text{열} & \text{열} & \text{열} \end{matrix}$$

[3] $m \times n$ 행렬

➡ m개의 행과 n개의 열로 이루어진 행렬을 $m \times n$ **행렬** 또는 m**행** n**열의 행렬**이라 한다. 특히, 행의 개수와 열의 개수가 모두 n개인 $n \times n$ 행렬을 n**차 정사각행렬**이라 하고, n을 이 행렬의 **차수**라 한다.

[4] 행렬의 표시법

➡ 행렬을 한 문자로 나타낼 때는 보통 알파벳의 대문자 A, B, C, …를 사용하고, 그 성분은 소문자 a, b, c, …를 사용하여 나타낸다.

(1) (i, j) 성분

➡ 행렬에서 제i행과 제j열이 만나는 위치에 있는 성분을 (i, j) **성분** 또는 i**행** j**열의 성분**이라 하고, a_{ij}로 나타낸다.

(2) 행렬 $A = (a_{ij})$

➡ $m \times n$ 행렬 A를 간단히 $A = (a_{ij})$; $i = 1, 2, \cdots, m$, $j = 1, 2, \cdots, n$으로 나타내기도 한다.

➡ $A = \begin{pmatrix} a_{11} & a_{12} & a_{13} \\ a_{21} & a_{22} & a_{23} \end{pmatrix} \rightarrow A = (a_{ij})$; $i = 1, 2$, $j = 1, 2, 3$

$$\rightarrow (\boxed{\text{수 or 문자}}) \rightarrow \begin{bmatrix} \text{가로의 배열} \rightarrow \text{행} \\ \text{세로의 배열} \rightarrow \text{열} \end{bmatrix} \rightarrow \begin{pmatrix} 1 & 2 & 3 \\ a & b & c \end{pmatrix} \begin{matrix} \leftarrow \text{제 1 행} \\ \leftarrow \text{제 2 행} \end{matrix}$$

$$\begin{matrix} \downarrow & \downarrow & \downarrow \\ \text{제} & \text{제} & \text{제} \\ 1 & 2 & 3 \\ \text{열} & \text{열} & \text{열} \end{matrix}$$

기|본|예|제 01

행렬을 보고 다음을 구하시오.

$$A = \begin{pmatrix} 1 & 2 & 3 \\ a & b & c \end{pmatrix}$$

(1) 행의 개수   (2) 열의 개수   (3) 제2행과 제3열이 교차하는 점의 성분

탐구 행렬 A는 2행 3열로 구성된 2×3 행렬이다.

풀이 (1) 행의 개수 → 가로 배열 두 줄

$\therefore$ 2개

(2) 열의 개수 → 세로 배열 세 줄

$\therefore$ 3개

(3) 제2행과 제3열이 교차하는 점의 성분

$\rightarrow A = \begin{pmatrix} 1 & 2 & 3 \\ a & b & c \end{pmatrix} \quad \therefore c$

정답 (1) 2   (2) 3   (3) c

유제 01-1 행렬 $\begin{pmatrix} 2 & a+1 \\ 4 & 3 \end{pmatrix}$에서 제1행의 성분의 합이 5일 때, 상수 a의 값을 구하시오.

유제 01-2 행렬 $\begin{pmatrix} 2 & a+1 \\ a & a-2 \end{pmatrix}$에서 제2열의 성분의 곱이 4일 때, 양수 a의 값을 구하시오.

→ $\begin{bmatrix} m \text{개의 행} \\ n \text{개의 열} \end{bmatrix}$ 구성 → $\begin{pmatrix} 1 & 2 & 3 \\ a & b & c \end{pmatrix}$ → 2×3 행렬

주의 정사각행렬

→ $\left(\boxed{\begin{matrix} 정사 \\ 각형 \end{matrix}}\right)$ → $\begin{bmatrix} \text{행의 개수} \\ \text{열의 개수} \end{bmatrix}$ 同

→ $\begin{pmatrix} 1 & 2 & 3 \\ a & b & c \\ x & y & z \end{pmatrix}$ → 3×3 행렬 → 3차의 정사각행렬

同 (같을 동)

기|본|예|제 02

다음 행렬 A, B, C, D의 꼴을 말하시오.

(1) $A = (-1 \quad 3 \quad 5)$

(2) $B = \begin{pmatrix} -5 \\ 7 \end{pmatrix}$

(3) $C = \begin{pmatrix} 1 & 2 \\ 3 & 4 \end{pmatrix}$

(4) $D = \begin{pmatrix} -2 & 10 & 7 \\ 21 & -7 & 1 \end{pmatrix}$

탐구   행의 개수가 m, 열의 개수가 n → $m \times n$ 행렬

풀이   (1) 행 : 1개, 열 : 3개 → 1×3 행렬

(2) 행 : 2개, 열 : 1개 → 2×1 행렬

(3) 행 : 2개, 열 : 2개 → 2×2 행렬

(4) 행 : 2개, 열 : 3개 → 2×3 행렬

정답   (1) 1×3 행렬   (2) 2×1 행렬   (3) 2×2 행렬   (4) 2×3 행렬

유제 02-1   다음 행렬의 꼴을 말하시오.

(1) $\begin{pmatrix} 2 & 0 \\ 1 & 3 \end{pmatrix}$

(2) $\begin{pmatrix} -1 & 0 & 3 \\ 1 & 2 & 5 \end{pmatrix}$

(3) $\begin{pmatrix} 4 & 5 & 7 \\ 0 & -1 & 5 \\ 3 & 4 & 0 \end{pmatrix}$

유제 02-2   다음 중 정사각행렬을 모두 고르시오.

① $\begin{pmatrix} 1 & 2 \\ 3 & 4 \\ 5 & 6 \end{pmatrix}$

② $\begin{pmatrix} 1 \\ 0 \\ -1 \end{pmatrix}$

③ $\begin{pmatrix} 1 & 0 & 1 \\ 0 & 1 & 0 \\ 1 & 0 & 1 \end{pmatrix}$

④ $\begin{pmatrix} 2 & 11 \\ -7 & 3 \end{pmatrix}$

⑤ $\begin{pmatrix} 6 \\ -8 \end{pmatrix}$

→ $A = (a_{ij})$; $i = 1, 2, j = 1, 2, 3$ → $A = \begin{pmatrix} a_{11} & a_{12} & a_{13} \\ a_{21} & a_{22} & a_{23} \end{pmatrix}$

주의 (i, j)성분

→ a_{ij} → i행과 j열의 교차점의 성분

→ a_{23} → 2행과 3열의 교차점의 성분

기│본│예│제 03

$i = 1, 2, 3, j = 1, 2$라 할 때, $a_{ij} = 2i + j^2 - 1$로 나타내어지는 행렬 A를 구하시오.

탐구 행렬 $A = (a_{ij})$는 3×2 행렬

풀이 행렬 $A = (a_{ij}) = \begin{pmatrix} a_{11} & a_{12} \\ a_{21} & a_{22} \\ a_{31} & a_{32} \end{pmatrix}$

$a_{11} = 2 \times 1 + 1^2 - 1 = 2$ $a_{12} = 2 \times 1 + 2^2 - 1 = 5$

$a_{21} = 2 \times 2 + 1^2 - 1 = 4$ $a_{22} = 2 \times 2 + 2^2 - 1 = 7$

$a_{31} = 2 \times 3 + 1^2 - 1 = 6$ $a_{32} = 2 \times 3 + 2^2 - 1 = 9$

$\therefore A = \begin{pmatrix} 2 & 5 \\ 4 & 7 \\ 6 & 9 \end{pmatrix}$

정답 $A = \begin{pmatrix} 2 & 5 \\ 4 & 7 \\ 6 & 9 \end{pmatrix}$

유제 03-1

2×2 행렬 A의 (i, j)성분 a_{ij}를 $a_{ij} = \begin{cases} 3j & (i \leq j) \\ 2i + j & (i > j) \end{cases}$로 정의할 때, 행렬 A의 모든 성분의 합을 구하시오.

유제 03-2

(i, j)성분 a_{ij}가 $a_{ij} = (-2)^{i+j} + ki$ (k는 실수)로 주어지는 이차정사각행렬 A의 모든 성분의 합이 22일 때, 상수 k의 값을 구하시오.

2 서로 같은 행렬

[1] 같은 꼴의 행렬
→ 두 행렬 A, B에 있어서 이들의 행의 수와 열의 수가 서로 같을 때, A와 B는 **같은 꼴의 행렬**이라 한다.

[2] 서로 같은 행렬
→ 두 행렬 A, B가 같은 꼴이고, 대응하는 성분이 각각 같을 때, A, B는 **서로 같다**고 하며, $A = B$ 로 나타낸다.

강의 행렬이 서로 같을 조건은 대응하는 성분이 서로 같다!

→ ① 조건 : 同형(같은 꼴)

② 의미 : 대응원소 同

→ $A = \begin{pmatrix} a_1 & a_2 \\ a_3 & a_4 \end{pmatrix}$, $B = \begin{pmatrix} b_1 & b_2 \\ b_3 & b_4 \end{pmatrix}$ 일 때,

$A = B \rightleftarrows \begin{array}{l} a_1 = b_1, \ a_2 = b_2 \\ a_3 = b_3, \ a_4 = b_4 \end{array}$

同(같을 동)

기|본|예|제 04

$\begin{pmatrix} 2 & -a \\ 2b & -5 \end{pmatrix} = \begin{pmatrix} 2 & a+4 \\ a-4 & a+b \end{pmatrix}$ 가 성립할 때, 실수 a, b의 값을 구하시오.

탐구 행렬 A, B에 대하여 $A = B$ → 대응하는 성분이 서로 같다.

풀이 $-a = a+4$, $a-4 = 2b$, $a+b = -5$

식을 연립하여 a, b의 값을 구하면

$a = -2$, $b = -3$

정답 $a = -2$, $b = -3$

유제 04-1 $\begin{pmatrix} x+y & 2 \\ 3 & xy \end{pmatrix} = \begin{pmatrix} 1 & 2 \\ 3 & -4 \end{pmatrix}$ 일 때, 실수 x, y에 대하여 $x^2 + y^2$의 값을 구하시오.

유제 04-2 다음 등식이 성립하도록 하는 실수 x의 값을 구하시오. (단, a, b는 실수)

$$\begin{pmatrix} ax-3b & -1 \\ 2ax+9b & 1 \end{pmatrix} = \begin{pmatrix} -7 & 2a-5b \\ 1 & -a+3b \end{pmatrix}$$

02 행렬의 덧셈과 뺄셈과 실수배

1 행렬의 덧셈

→ 두 행렬 A, B가 같은 꼴일 때, A와 B의 대응하는 성분의 합을 성분으로 하는 행렬을 A와 B의 **합**이라 하고, $A+B$로 나타낸다.

→ $A=\begin{pmatrix} a_{11} & a_{12} \\ a_{21} & a_{22} \end{pmatrix}$, $B=\begin{pmatrix} b_{11} & b_{12} \\ b_{21} & b_{22} \end{pmatrix}$일 때, $A+B=\begin{pmatrix} a_{11}+b_{11} & a_{12}+b_{12} \\ a_{21}+b_{21} & a_{22}+b_{22} \end{pmatrix}$

강의 | **행렬의 덧셈은 대응하는 성분끼리 더하는 것이다!**

→ ① 조건 : 同형(같은 꼴)

② 계산 : 대응하는 성분 $\oplus$

→ $A=\begin{pmatrix} a_{11} & a_{12} \\ a_{21} & a_{22} \end{pmatrix}$, $B=\begin{pmatrix} b_{11} & b_{12} \\ b_{21} & b_{22} \end{pmatrix}$일 때,

→ $A+B=\begin{pmatrix} a_{11}+b_{11} & a_{12}+b_{12} \\ a_{21}+b_{21} & a_{22}+b_{22} \end{pmatrix}$

同(같을 동)

기 | 본 | 예 | 제 05

다음을 계산하시오.

$$\begin{pmatrix} -4 & 1 \\ 2 & -3 \end{pmatrix} + \begin{pmatrix} -3 & 1 \\ 4 & 1 \end{pmatrix}$$

탐구   행렬의 덧셈 → 대응하는 성분의 합

풀이   (준식)$=\begin{pmatrix} -4-3 & 1+1 \\ 2+4 & -3+1 \end{pmatrix}=\begin{pmatrix} -7 & 2 \\ 6 & -2 \end{pmatrix}$

정답 $\begin{pmatrix} -7 & 2 \\ 6 & -2 \end{pmatrix}$

유제 05-1   다음을 계산하시오.

$$\begin{pmatrix} 5 & 8 & -4 \\ 6 & 0 & 15 \end{pmatrix} + \begin{pmatrix} -6 & 5 & 0 \\ 7 & 1 & 4 \end{pmatrix}$$

유제 05-2   다음을 만족하는 실수 a, b, x, y의 값을 구하시오.

$$\begin{pmatrix} x & 5 \\ 3 & a \end{pmatrix} + \begin{pmatrix} y & 2 \\ 1 & b \end{pmatrix} = \begin{pmatrix} -2 & x-2y \\ -4b & -1 \end{pmatrix}$$

2 행렬의 뺄셈

→ 두 행렬 A, B가 같은 꼴일 때, A의 성분에서 이에 대응하는 B의 성분을 뺀 값을 성분으로 하는 행렬을 A에서 B를 뺀 **차**라 하고, $A-B$로 나타낸다.

→ $A = \begin{pmatrix} a_{11} & a_{12} \\ a_{21} & a_{22} \end{pmatrix}$, $B = \begin{pmatrix} b_{11} & b_{12} \\ b_{21} & b_{22} \end{pmatrix}$일 때, $A-B = \begin{pmatrix} a_{11}-b_{11} & a_{12}-b_{12} \\ a_{21}-b_{21} & a_{22}-b_{22} \end{pmatrix}$

강의 행렬의 뺄셈은 대응하는 성분끼리 빼는 것이다!

→ ① 조건 : 同형(같은 꼴)

② 계산 : 대응하는 성분 ⊖

→ $A = \begin{pmatrix} a_{11} & a_{12} \\ a_{21} & a_{22} \end{pmatrix}$, $B = \begin{pmatrix} b_{11} & b_{12} \\ b_{21} & b_{22} \end{pmatrix}$일 때,

→ $A-B = \begin{pmatrix} a_{11}-b_{11} & a_{12}-b_{12} \\ a_{21}-b_{21} & a_{22}-b_{22} \end{pmatrix}$

同(같을 동)

기|본|예|제 **06**

등식 $\begin{pmatrix} 2 & 1 & -3 \\ 3 & 2 & 0 \end{pmatrix} + P = \begin{pmatrix} 1 & 3 & 0 \\ 1 & -1 & 3 \end{pmatrix}$을 만족하는 행렬 P를 구하시오.

탐구 $A+X=B \rightarrow X=B-A$

풀이 $P = \begin{pmatrix} 1 & 3 & 0 \\ 1 & -1 & 3 \end{pmatrix} - \begin{pmatrix} 2 & 1 & -3 \\ 3 & 2 & 0 \end{pmatrix}$

$= \begin{pmatrix} 1-2 & 3-1 & 0-(-3) \\ 1-3 & -1-2 & 3-0 \end{pmatrix} = \begin{pmatrix} -1 & 2 & 3 \\ -2 & -3 & 3 \end{pmatrix}$

정답 $\begin{pmatrix} -1 & 2 & 3 \\ -2 & -3 & 3 \end{pmatrix}$

유제 **06-1** 등식 $\begin{pmatrix} 1 & 2 \\ -3 & 4 \end{pmatrix} + P = \begin{pmatrix} 3 & -2 \\ 1 & 1 \end{pmatrix}$을 만족시키는 행렬 P를 구하시오.

유제 **06-2** 세 행렬 A, B, C가 $A = \begin{pmatrix} -1 & 0 \\ 2 & 1 \end{pmatrix}$, $B = \begin{pmatrix} 2 & 1 \\ -1 & 3 \end{pmatrix}$, $C = \begin{pmatrix} 3 & 1 \\ 2 & -3 \end{pmatrix}$일 때, $A-B+C$를 구하시오.

3 영행렬과 행렬의 실수배

[1] 영행렬

(1) 성분이 모두 0인 행렬을 **영행렬**이라 하고, O로 나타낸다. 예를 들면 $(0 \quad 0)$, $\begin{pmatrix} 0 \\ 0 \end{pmatrix}$, $\begin{pmatrix} 0 & 0 \\ 0 & 0 \end{pmatrix}$, $\begin{pmatrix} 0 & 0 & 0 \\ 0 & 0 & 0 \end{pmatrix}$ 등은 영행렬이고, 이들은 행렬로는 같지 않으나, 혼동할 염려가 없을 때에는 모두 O로 나타낸다.

(2) 임의의 행렬 A와 영행렬 O가 같은 꼴일 때,
$$A + O = O + A = A$$

[2] 행렬의 실수배

→ k를 임의의 실수라 할 때, 행렬 A의 각 성분에 k를 곱한 것을 성분으로 하는 행렬을 A의 k배라 하고, kA로 나타낸다.

→ $A = \begin{pmatrix} a_{11} & a_{12} \\ a_{21} & a_{22} \end{pmatrix}$일 때, $kA = \begin{pmatrix} ka_{11} & ka_{12} \\ ka_{21} & ka_{22} \end{pmatrix}$

강의 **영행렬 O는 모든 성분이 0이고 kA는 A의 모든 원소에 k를 곱한 것이다!**

① 영행렬

→ 성분이 모두 0인 행렬 → $(0 \quad 0)$, $\begin{pmatrix} 0 \\ 0 \end{pmatrix}$, $\begin{pmatrix} 0 & 0 \\ 0 & 0 \end{pmatrix}$

② 행렬의 실수배

→ 실수 $\times$ (모든 성분)

→ $A = \begin{pmatrix} a_{11} & a_{12} \\ a_{21} & a_{22} \end{pmatrix}$일 때, $kA = \begin{pmatrix} ka_{11} & ka_{12} \\ ka_{21} & ka_{22} \end{pmatrix}$

기 | 본 | 예 | 제 07

행렬 $A = \begin{pmatrix} 3 & -1 \\ 2 & 5 \end{pmatrix}$일 때, $A + X = O$을 만족하는 행렬 X를 구하시오. (단, O는 영행렬)

탐구 $A + X = O \rightarrow X = O - A = -A$

풀이 $A + X = O$에서 $X = O - A$

$$X = -A = -\begin{pmatrix} 3 & -1 \\ 2 & 5 \end{pmatrix} = \begin{pmatrix} -3 & 1 \\ -2 & -5 \end{pmatrix}$$

정답 $\begin{pmatrix} -3 & 1 \\ -2 & -5 \end{pmatrix}$

유제 07-1 행렬 $A = \begin{pmatrix} 1 & -1 \\ 2 & 0 \end{pmatrix}$일 때, $X + A = O$을 만족하는 행렬 X를 구하시오.

(단, O는 영행렬)

유제 07-2 행렬 $A = \begin{pmatrix} 0 & -2 \\ 3 & 4 \end{pmatrix}$, $B = \begin{pmatrix} 2 & 6 \\ 1 & 8 \end{pmatrix}$일 때, $X + A - B = O$을 만족하는 행렬 X를 구하시오. (단, O는 영행렬)

기 | 본 | 예 | 제 08

다음 등식을 만족시키는 실수 a, b, c에 대하여 $a + b + c$의 값을 구하시오.

$$2\begin{pmatrix} a & 1 \\ 2 & -1 \end{pmatrix} - \begin{pmatrix} 3 & b \\ 1 & 2 \end{pmatrix} = \begin{pmatrix} 1 & -1 \\ c & -4 \end{pmatrix}$$

탐구 $kA \rightarrow k \times (모든 성분)$

풀이 $\begin{pmatrix} 2a & 2 \\ 4 & -2 \end{pmatrix} - \begin{pmatrix} 3 & b \\ 1 & 2 \end{pmatrix} = \begin{pmatrix} 1 & -1 \\ c & -4 \end{pmatrix}$

$\begin{pmatrix} 2a-3 & 2-b \\ 3 & -4 \end{pmatrix} = \begin{pmatrix} 1 & -1 \\ c & -4 \end{pmatrix}$

$2a-3 = 1$에서 $a = 2$

$2-b = -1$에서 $b = 3$

$c = 3$

따라서 $a+b+c = 2+3+3 = 8$이다.

정답 8

유제 08-1 행렬 $A = \begin{pmatrix} -1 & 2 \\ 1 & 0 \end{pmatrix}$, $B = \begin{pmatrix} 0 & -3 \\ -2 & 1 \end{pmatrix}$에 대하여 $2A + X = B$를 만족시키는 행렬 X의 모든 성분의 합을 구하시오.

유제 08-2 세 행렬 A, B, C가 $A = \begin{pmatrix} -1 & 2 \\ 3 & 1 \end{pmatrix}$, $B = \begin{pmatrix} 1 & 0 \\ -2 & 3 \end{pmatrix}$, $C = \begin{pmatrix} 2 & 4 \\ -1 & 3 \end{pmatrix}$일 때, 행렬 $3A - 2B + C$의 성분 중 최댓값을 구하시오.

→ A, B, C가 같은 꼴의 행렬이고 k, l이 실수일 때

[1] 행렬의 덧셈에 대한 기본 법칙

(1) $A+B=B+A$ ← 교환법칙 성립

(2) $(A+B)+C=A+(B+C)$ ← 결합법칙 성립

[2] 행렬의 실수배에 대한 기본법칙

(1) $k(lA)=(kl)A$ ← 결합법칙 성립

(2) $(k+l)A=kA+lA$, $k(A+B)=kA+kB$ ← 분배법칙 성립

강의 **행렬의 덧셈, 실수배에 대한 기본 법칙은 실수의 계산 법칙과 동일하다!**

(1) 행렬의 덧셈에 대한 기본 법칙

→ A, B, C가 같은 꼴의 행렬일 때

① 교환법칙의 성립

→ $A+B=B+A$

② 결합법칙의 성립

→ $(A+B)+C=A+(B+C)$

(2) 행렬의 실수배에 대한 기본 법칙

→ A, B, O가 같은 꼴의 행렬이고 k, l이 실수일 때

① 결합법칙의 성립

→ $k(lA)=(kl)A$

→ $3(2A)=(3\times2)A=6A$

② 분배법칙의 성립

→ $(k+l)A=kA+lA$, $k(A+B)=kA+kB$

→ $2A+3A=(2+3)A=5A$

→ $2(A+B)=2A+2B$

③ 실수배의 기본 성질

→ $(-1)A=-A$, $kO=O$, $0A=O$

→ $k\begin{pmatrix} 0 & 0 \\ 0 & 0 \end{pmatrix}=\begin{pmatrix} k\cdot0 & k\cdot0 \\ k\cdot0 & k\cdot0 \end{pmatrix}=\begin{pmatrix} 0 & 0 \\ 0 & 0 \end{pmatrix}=O$

→ $0\begin{pmatrix} a & b \\ c & d \end{pmatrix}=\begin{pmatrix} 0\cdot a & 0\cdot b \\ 0\cdot c & 0\cdot d \end{pmatrix}=\begin{pmatrix} 0 & 0 \\ 0 & 0 \end{pmatrix}=O$

두 이차정사각행렬 A, B에 대하여 $A+B=\begin{pmatrix} 4 & -1 \\ 0 & 2 \end{pmatrix}$, $2A-B=\begin{pmatrix} -1 & -2 \\ 6 & -2 \end{pmatrix}$ 일 때, 행렬 A, B를 각각 구하시오.

탐구   두 행렬 A, B에 대한 연립방정식을 푼다.

풀이 $A+B=\begin{pmatrix} 4 & -1 \\ 0 & 2 \end{pmatrix}$ ⋯ ①, $2A-B=\begin{pmatrix} -1 & -2 \\ 6 & -2 \end{pmatrix}$ ⋯ ②라 하면

①+② ; $3A=\begin{pmatrix} 3 & -3 \\ 6 & 0 \end{pmatrix}$ ∴ $A=\begin{pmatrix} 1 & -1 \\ 2 & 0 \end{pmatrix}$

①$-A$; $B=\begin{pmatrix} 4 & -1 \\ 0 & 2 \end{pmatrix}-\begin{pmatrix} 1 & -1 \\ 2 & 0 \end{pmatrix}=\begin{pmatrix} 3 & 0 \\ -2 & 2 \end{pmatrix}$

정답 $A=\begin{pmatrix} 1 & -1 \\ 2 & 0 \end{pmatrix}$, $B=\begin{pmatrix} 3 & 0 \\ -2 & 2 \end{pmatrix}$

유제 09-1   두 이차정사각행렬 X, Y에 대하여 $X+Y=\begin{pmatrix} 1 & 2 \\ 2 & -1 \end{pmatrix}$, $X-Y=\begin{pmatrix} 0 & 2 \\ -1 & 3 \end{pmatrix}$ 일 때, 행렬 X, Y를 각각 구하시오.

유제 09-2   두 이차정사각행렬 X, Y에 대하여 $2X+5Y=\begin{pmatrix} 3 & 7 \\ -6 & 7 \end{pmatrix}$, $X-Y=\begin{pmatrix} 5 & -7 \\ 4 & 0 \end{pmatrix}$ 일 때, 행렬 X, Y를 각각 구하시오.

유제 09-3   두 이차정사각행렬 X, Y에 대하여 $A+3B=\begin{pmatrix} -2 & 9 \\ 3 & 5 \end{pmatrix}$, $2A+B=\begin{pmatrix} 1 & 8 \\ 6 & 5 \end{pmatrix}$ 일 때, 행렬 $A-B$를 구하시오.

두 행렬 $A = \begin{pmatrix} 1 & -8 \\ -6 & 3 \end{pmatrix}$, $B = \begin{pmatrix} 7 & 4 \\ -2 & 1 \end{pmatrix}$ 일 때, 다음 두 식을 동시에 성립시키는 행렬 X, Y를 각각 구하시오.

$$\begin{cases} X - 2Y = A \\ 2X + Y = B \end{cases}$$

탐구 연립방정식을 풀어 X, Y를 구하고 계산한다.

풀이 $\begin{cases} X - 2Y = A \quad \cdots \text{①} \\ 2X + Y = B \quad \cdots \text{②} \end{cases}$

① $+ 2 \times$ ② ; $5X = A + 2B$

$\therefore X = \dfrac{1}{5}A + \dfrac{2}{5}B$

$X = \dfrac{1}{5}\begin{pmatrix} 1 & -8 \\ -6 & 3 \end{pmatrix} + \dfrac{2}{5}\begin{pmatrix} 7 & 4 \\ -2 & 1 \end{pmatrix} = \begin{pmatrix} 3 & 0 \\ -2 & 1 \end{pmatrix}$

X를 ②에 대입하여 Y를 구하면

$Y = B - 2X = \begin{pmatrix} 7 & 4 \\ -2 & 1 \end{pmatrix} - 2\begin{pmatrix} 3 & 0 \\ -2 & 1 \end{pmatrix} = \begin{pmatrix} 1 & 4 \\ 2 & -1 \end{pmatrix}$

정답 $X = \begin{pmatrix} 3 & 0 \\ -2 & 1 \end{pmatrix}$, $Y = \begin{pmatrix} 1 & 4 \\ 2 & -1 \end{pmatrix}$

유제 10-1 두 행렬 $A = \begin{pmatrix} -1 & 2 \\ 0 & -3 \end{pmatrix}$, $B = \begin{pmatrix} 1 & 4 \\ -3 & 0 \end{pmatrix}$ 일 때, 다음 등식을 만족하는 행렬 X를 구하시오.

$$A + 3X = B - A$$

유제 10-2 두 행렬 $A = \begin{pmatrix} 1 & 3 \\ 5 & 7 \end{pmatrix}$, $B = \begin{pmatrix} 0 & -2 \\ 1 & -5 \end{pmatrix}$ 일 때, 등식 $A - 2(B + Y) = 3A + 2B$를 만족하는 행렬 Y를 구하시오.

1 행렬의 곱셈

[1] 행렬의 곱의 정의

➜ 두 행렬 A, B에 대하여 A의 열의 수와 B의 행의 수가 같을 때 AB를 정하고, A의 제i행과 B의 제j열의 성분을 차례로 곱해 더한 것을 (i, j) 성분으로 하는 행렬을 A와 B의 **곱**이라 한다.

$$\to \ (m \times n \text{행렬})(n \times l \text{행렬}) = (m \times l \text{행렬})$$

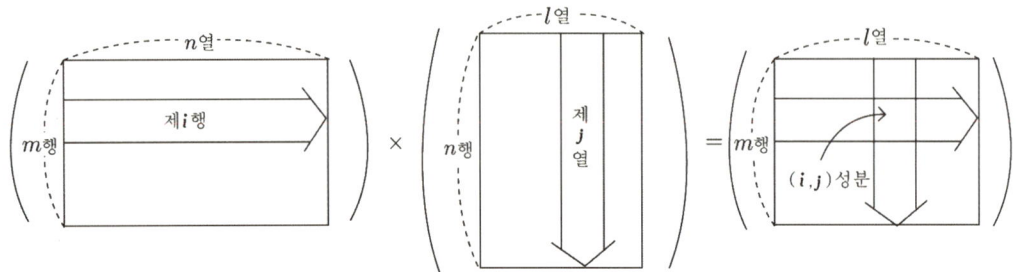

[2] 행렬의 곱의 계산방법

➜ A의 제i행과 B의 제j열의 성분을 차례로 곱해서 더한다.

(1) $(1 \times 2 \text{ 행렬})(2 \times 1 \text{ 행렬}) = (1 \times 1 \text{ 행렬})$

$$(a_1 \quad a_2)\begin{pmatrix} b_1 \\ b_2 \end{pmatrix} = (a_1 b_1 + a_2 b_2)$$

(2) $(1 \times 2 \text{ 행렬})(2 \times 2 \text{ 행렬}) = (1 \times 2 \text{ 행렬})$

$$(a_1 \quad a_2)\begin{pmatrix} b_1 & b_2 \\ c_1 & c_2 \end{pmatrix} = (a_1 b_1 + a_2 c_1 \quad a_1 b_2 + a_2 c_2)$$

(3) $(2 \times 2 \text{ 행렬})(2 \times 2 \text{ 행렬}) = (2 \times 2 \text{ 행렬})$

$$\begin{pmatrix} a_1 & a_2 \\ b_1 & b_2 \end{pmatrix}\begin{pmatrix} c_1 & c_2 \\ d_1 & d_2 \end{pmatrix} = \begin{pmatrix} a_1 c_1 + a_2 d_1 & a_1 c_2 + a_2 d_2 \\ b_1 c_1 + b_2 d_1 & b_1 c_2 + b_2 d_2 \end{pmatrix}$$

(4) $(2 \times 1 \text{ 행렬})(1 \times 2 \text{ 행렬}) = (2 \times 2 \text{ 행렬})$

$$\begin{pmatrix} a_1 \\ b_1 \end{pmatrix}(c_1 \quad c_2) = \begin{pmatrix} a_1 c_1 & a_1 c_2 \\ b_1 c_1 & b_1 c_2 \end{pmatrix}$$

(5) $(2 \times 2 \text{ 행렬})(2 \times 3 \text{ 행렬}) = (2 \times 3 \text{ 행렬})$

$$\begin{pmatrix} a_1 & a_2 \\ b_1 & b_2 \end{pmatrix}\begin{pmatrix} c_1 & c_2 & c_3 \\ d_1 & d_2 & d_3 \end{pmatrix} = \begin{pmatrix} a_1 c_1 + a_2 d_1 & a_1 c_2 + a_2 d_2 & a_1 c_3 + a_2 d_3 \\ b_1 c_1 + b_2 d_1 & b_1 c_2 + b_2 d_2 & b_1 c_3 + b_2 d_3 \end{pmatrix}$$

(6) $(3 \times 2 \text{ 행렬})(2 \times 2 \text{ 행렬}) = (3 \times 2 \text{ 행렬})$

$$\begin{pmatrix} a_1 & a_2 \\ b_1 & b_2 \\ c_1 & c_2 \end{pmatrix}\begin{pmatrix} d_1 & d_2 \\ e_1 & e_2 \end{pmatrix} = \begin{pmatrix} a_1 d_1 + a_2 e_1 & a_1 d_2 + a_2 e_2 \\ b_1 d_1 + b_2 e_1 & b_1 d_2 + b_2 e_2 \\ c_1 d_1 + c_2 e_1 & c_1 d_2 + c_2 e_2 \end{pmatrix}$$

강의 **행렬의 곱셈은 AB에서 A의 행에 B의 열을 곱하여 더하는 것이다!**

① 조건 : $AB \begin{bmatrix} A의\ 열의\ 개수 \\ B의\ 행의\ 개수 \end{bmatrix}$同

② 계산 : $AB \to (\to)(\downarrow) = \overset{\to}{\to} \otimes$ and $\oplus$

③ 결과 : $AB \to \overbrace{(m \times n)(n \times l)} = (m \times l)$

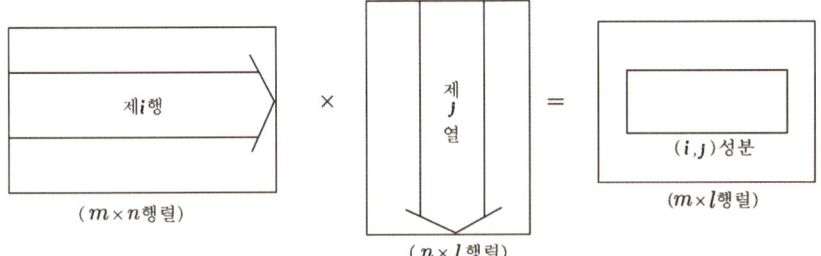

$$\begin{pmatrix} 1 & 2 \\ 3 & 4 \\ 5 & 6 \end{pmatrix}\begin{pmatrix} a & b & c \\ x & y & z \end{pmatrix} = \begin{pmatrix} 1a+2x & 1b+2y & 1c+2z \\ 3a+4x & 3b+4y & 3c+4z \\ 5a+6x & 5b+6y & 5c+6z \end{pmatrix}$$

同(같을 동)

기|본|예|제 **11**

다음을 각각 계산하시오.

(1) $(3 \ \ -1)\begin{pmatrix} 2 \\ 1 \end{pmatrix}$

(2) $\begin{pmatrix} 3 \\ 2 \end{pmatrix}(1 \ \ 4)$

(3) $(3 \ \ 0)\begin{pmatrix} 2 & 1 \\ -1 & 2 \end{pmatrix}$

(4) $\begin{pmatrix} -2 & 2 \\ 4 & 5 \end{pmatrix}\begin{pmatrix} 3 \\ -1 \end{pmatrix}$

(5) $\begin{pmatrix} 8 & -1 \\ 3 & 5 \end{pmatrix}\begin{pmatrix} 2 & 1 \\ 4 & 3 \end{pmatrix}$

탐구 행렬의 곱 $AB \to$ (A의 열의 개수)$=$(B의 행의 개수)

$\to$ ($m \times k$ 행렬)$\times$($k \times l$ 행렬)$=$($m \times l$ 행렬)

풀이 (1) (준식)$=(3 \times 2 - 1 \times 1) = (5)$

(2) (준식)$=\begin{pmatrix} 3 \times 1 & 3 \times 4 \\ 2 \times 1 & 2 \times 4 \end{pmatrix} = \begin{pmatrix} 3 & 12 \\ 2 & 8 \end{pmatrix}$

(3) (준식)$=(3 \times 2 + 0 \times (-1) \quad 3 \times 1 + 0 \times 2) = (6 \ \ 3)$

(4) (준식)$=\begin{pmatrix} -2 \times 3 + 2 \times (-1) \\ 4 \times 3 + 5 \times (-1) \end{pmatrix} = \begin{pmatrix} -8 \\ 7 \end{pmatrix}$

(5) (준식)$=\begin{pmatrix} 8 \times 2 - 1 \times 4 & 8 \times 1 - 1 \times 3 \\ 3 \times 2 + 5 \times 4 & 3 \times 1 + 5 \times 3 \end{pmatrix} = \begin{pmatrix} 12 & 5 \\ 26 & 18 \end{pmatrix}$

정답 (1) (5) (2) $\begin{pmatrix} 3 & 12 \\ 2 & 8 \end{pmatrix}$ (3) $(6 \ \ 3)$ (4) $\begin{pmatrix} -8 \\ 7 \end{pmatrix}$ (5) $\begin{pmatrix} 12 & 5 \\ 26 & 18 \end{pmatrix}$

유제 11-1 다음을 각각 계산하시오.

(1) $\begin{pmatrix} 1 & 4 \end{pmatrix}\begin{pmatrix} 3 \\ 2 \end{pmatrix}$

(2) $\begin{pmatrix} 3 \\ 2 \end{pmatrix}\begin{pmatrix} 1 & 4 \end{pmatrix}$

(3) $\begin{pmatrix} 1 & 2 \end{pmatrix}\begin{pmatrix} 3 & 5 \\ 4 & -1 \end{pmatrix}$

(4) $\begin{pmatrix} 2 & 1 \\ 3 & -2 \end{pmatrix}\begin{pmatrix} 1 & 4 \\ 2 & 3 \end{pmatrix}$

유제 11-2 두 행렬 $A=\begin{pmatrix} 1 & 3 \\ 3 & -1 \end{pmatrix}$, $B=\begin{pmatrix} 2 & 1 \\ -1 & 0 \end{pmatrix}$에 대하여 행렬 $(A+B)(A-B)$의 모든 성분의 합을 구하시오.

기|본|예|제 **12**

두 행렬 $A=\begin{pmatrix} 2 & -1 \\ 1 & 2 \end{pmatrix}$, $B=\begin{pmatrix} 0 & 3 \\ -2 & 1 \end{pmatrix}$에 대하여 다음을 구하시오.

(1) $A(A+2B)$

(2) $AB+BA$

탐구 $\begin{pmatrix} a & b \\ c & d \end{pmatrix}\begin{pmatrix} e & f \\ g & h \end{pmatrix}=\begin{pmatrix} ae+bg & af+bh \\ ce+dg & cf+dh \end{pmatrix}$,

풀이 (1) $A+2B=\begin{pmatrix} 2 & -1 \\ 1 & 2 \end{pmatrix}+2\begin{pmatrix} 0 & 3 \\ -2 & 1 \end{pmatrix}=\begin{pmatrix} 2 & -1 \\ 1 & 2 \end{pmatrix}+\begin{pmatrix} 0 & 6 \\ -4 & 2 \end{pmatrix}=\begin{pmatrix} 2 & 5 \\ -3 & 4 \end{pmatrix}$

(준식) $=\begin{pmatrix} 2 & -1 \\ 1 & 2 \end{pmatrix}\begin{pmatrix} 2 & 5 \\ -3 & 4 \end{pmatrix}=\begin{pmatrix} 4+3 & 10-4 \\ 2-6 & 5+8 \end{pmatrix}=\begin{pmatrix} 7 & 6 \\ -4 & 13 \end{pmatrix}$

(2) $AB=\begin{pmatrix} 2 & -1 \\ 1 & 2 \end{pmatrix}\begin{pmatrix} 0 & 3 \\ -2 & 1 \end{pmatrix}=\begin{pmatrix} 0+2 & 6-1 \\ 0-4 & 3+2 \end{pmatrix}=\begin{pmatrix} 2 & 5 \\ -4 & 5 \end{pmatrix}$

$BA=\begin{pmatrix} 0 & 3 \\ -2 & 1 \end{pmatrix}\begin{pmatrix} 2 & -1 \\ 1 & 2 \end{pmatrix}=\begin{pmatrix} 0+3 & 0+6 \\ -4+1 & 2+2 \end{pmatrix}=\begin{pmatrix} 3 & 6 \\ -3 & 4 \end{pmatrix}$

(준식) $=\begin{pmatrix} 2 & 5 \\ -4 & 5 \end{pmatrix}+\begin{pmatrix} 3 & 6 \\ -3 & 4 \end{pmatrix}=\begin{pmatrix} 5 & 11 \\ -7 & 9 \end{pmatrix}$

정답 (1) $\begin{pmatrix} 7 & 6 \\ -4 & 13 \end{pmatrix}$ (2) $\begin{pmatrix} 5 & 11 \\ -7 & 9 \end{pmatrix}$

유제 12-1 두 행렬 A, B가 $A=\begin{pmatrix} 0 & 1 \\ 1 & 0 \end{pmatrix}$, $B=\begin{pmatrix} 1 & 0 \\ 0 & -1 \end{pmatrix}$일 때, 행렬 $(A+B)^2$을 구하시오.

유제 12-2 두 행렬 $A=\begin{pmatrix} 1 & -1 \\ -2 & 3 \end{pmatrix}$, $B=\begin{pmatrix} 2 & 3 \\ -1 & 2 \end{pmatrix}$에 대하여 행렬 $AB-BA$를 구하시오.

행렬의 곱셈의 성질

→ 교환법칙은 성립하지 않고 결합법칙과 분배법칙은 성립한다.

[1] $AB \neq BA$

[2] $(AB)C = A(BC)$

[3] $A(B+C) = AB + AC$, $(A+B)C = AC + BC$

[4] $(kA)B = A(kB) = k(AB)$ (단, k는 실수)

체크 $AO = OA = O \leftarrow O$의 경우에는 곱셈에 대한 교환법칙이 성립한다.

강의 **행렬의 곱셈은 교환법칙이 성립하지 않으므로 $AB \neq BA$ 이다!**

→ 교환법칙은 성립하지 않고 결합법칙과 분배법칙은 성립한다.

① $AB \neq BA$

② $(AB)C = A(BC)$

③ $A(B+C) = AB + AC$, $(A+B)C = AC + BC$

④ $(kA)B = A(kB) = k(AB)$ (단, k는 실수)

주의 A, B가 정사각행렬이고, a, b가 상수일 때

① $(A+B)^2 = A^2 + AB + BA + B^2 \neq A^2 + 2AB + B^2$

② $(A+B)(A-B) = A^2 - AB + BA - B^2 \neq A^2 - B^2$

③ $(aA + bB)^2 = a^2 A^2 + abAB + abBA + b^2 B^2$

기|본|예|제 **13**

행렬 $A = \begin{pmatrix} 1 & 3 \\ 3 & 7 \end{pmatrix}$, $BC = \begin{pmatrix} 5 & 3 \\ 3 & 4 \end{pmatrix}$에 대하여 행렬 $(AB)C$를 구하시오.

탐구 $(AB)C = A(BC)$ → 결합법칙 성립

풀이 $(AB)C = A(BC)$

$$= \begin{pmatrix} 1 & 3 \\ 3 & 7 \end{pmatrix}\begin{pmatrix} 5 & 3 \\ 3 & 4 \end{pmatrix} = \begin{pmatrix} 14 & 15 \\ 36 & 37 \end{pmatrix}$$

정답 $\begin{pmatrix} 14 & 15 \\ 36 & 37 \end{pmatrix}$

행렬 $A = \begin{pmatrix} 0 & 2 \\ -1 & 3 \end{pmatrix}$, $B + C = \begin{pmatrix} 3 & 2 \\ -2 & 1 \end{pmatrix}$에 대하여 행렬 $AB + AC$를 구하시오.

두 행렬 $A = \begin{pmatrix} 3 & 1 \\ 2 & -1 \end{pmatrix}$, $B = \begin{pmatrix} \dfrac{1}{2} & -\dfrac{1}{6} \\ 0 & \dfrac{1}{3} \end{pmatrix}$에 대하여 행렬 $6AB$를 구하시오.

기 | 본 | 예 | 제 **14**

두 행렬 $A = \begin{pmatrix} 1 & 1 \\ -1 & 0 \end{pmatrix}$, $B = \begin{pmatrix} 2 & x \\ y & 0 \end{pmatrix}$이 $(A - B)^2 = A^2 - 2AB + B^2$을 만족할 때 실수 x, y에 대하여 $x + y$의 값을 구하시오.

탐구 $(A - B)^2 = A^2 - 2AB + B^2 \rightarrow AB = BA$

풀이 $(A - B)^2 = (A - B)(A - B) = A^2 - AB - BA + B^2 = A^2 - 2AB + B^2$이려면

$AB = BA$이다.

$$AB = \begin{pmatrix} 1 & 1 \\ -1 & 0 \end{pmatrix}\begin{pmatrix} 2 & x \\ y & 0 \end{pmatrix} = \begin{pmatrix} 2+y & x \\ -2 & -x \end{pmatrix}$$

$$BA = \begin{pmatrix} 2 & x \\ y & 0 \end{pmatrix}\begin{pmatrix} 1 & 1 \\ -1 & 0 \end{pmatrix} = \begin{pmatrix} 2-x & 2 \\ y & y \end{pmatrix}$$

$AB = BA$이므로

$$\begin{pmatrix} 2+y & x \\ -2 & -x \end{pmatrix} = \begin{pmatrix} 2-x & 2 \\ y & y \end{pmatrix}$$

$\therefore x = 2$, $y = -2$

따라서 $x + y = 0$

정답 0

두 행렬 $A = \begin{pmatrix} 1 & x \\ 3 & -1 \end{pmatrix}$, $B = \begin{pmatrix} 1 & 2 \\ y & 3 \end{pmatrix}$이 $(A + B)(A - B) = A^2 - B^2$을 만족할 때, 실수 x, y의 값을 구하시오.

두 행렬 $A = \begin{pmatrix} x & -1 \\ 1 & 1 \end{pmatrix}$, $B = \begin{pmatrix} x & 1 \\ y & 1 \end{pmatrix}$이 $(A + B)^2 = A^2 + 2AB + B^2$을 만족할 때, 실수 x, y에 대하여 $x - y$의 값을 구하시오.

3 영행렬과 그 성질

(1) $AB = O \not\Longrightarrow A = O$ 또는 $B = O$

(2) $AB = AC,\ A \neq O \not\Longrightarrow B = C$

(3) $A^2 = O \not\Longrightarrow A = O$

> **체크** 영인자
>
> ➜ $A \neq O$, $B \neq O$이고, $AB = O$일 때, A, B를 영인자라 한다.

강의 $AB = O$일 때, $A = O$ 또는 $B = O$인 것은 아니다!

① $AB = O \not\Longleftrightarrow A = O$ or $B = O$

② $AB = AC$ (단, $A \neq O$) $\not\Longrightarrow B = C$

③ $A^2 = O \not\Longrightarrow A = O$

주의 영인자(零因子) ➜ $AB = O (A \neq O,\ B \neq O)$

① A → 좌측 영인자

② B → 우측 영인자

零(떨어질 영)　因(인할 인)　子(아들 자)

기|본|예|제 15

행렬 $A = \begin{pmatrix} 1 & 1 \\ -1 & x \end{pmatrix}$ 일 때, $A^2 = O$이 되도록 하는 실수 x의 값을 구하시오.

탐구　$A^2 = O \not\longrightarrow A = O$

풀이　$A^2 = O$　$AA = O$

$$\begin{pmatrix} 1 & 1 \\ -1 & x \end{pmatrix}\begin{pmatrix} 1 & 1 \\ -1 & x \end{pmatrix} = \begin{pmatrix} 0 & 1+x \\ -1-x & -1+x^2 \end{pmatrix} = \begin{pmatrix} 0 & 0 \\ 0 & 0 \end{pmatrix}$$

$1 + x = 0,\ -1 + x^2 = 0 \to x = -1$

정답　-1

유제 15-1　두 행렬 $A = \begin{pmatrix} a & 1 \\ 1 & 2 \end{pmatrix}$, $B = \begin{pmatrix} b & 1 \\ 1 & c \end{pmatrix}$가 $AB = O$을 만족할 때, 실수 a, b, c의 값을 구하시오.

유제 15-2　임의의 2차 정사각행렬 A, X가 $X^2 - AX - XA + A^2 = O$을 만족할 때, 다음 <보기> 중 옳은 것을 모두 고르시오. (단, O는 영행렬)

> ──〈보기〉──
>
> Ⅰ. $X^2 - 2AX + A^2 = O$　　Ⅱ. $(X-A)^2 = O$　　Ⅲ. $X = A$

04 단위행렬

1 단위행렬과 그 성질

[1] 단위행렬

➡ 정사각행렬 중에서 $\begin{pmatrix} 1 & 0 \\ 0 & 1 \end{pmatrix}$, $\begin{pmatrix} 1 & 0 & 0 \\ 0 & 1 & 0 \\ 0 & 0 & 1 \end{pmatrix}$과 같이 왼쪽 위에서 오른쪽 아래로 대각선 위의 성분이 모두

1이고, 나머지 성분은 모두 0인 행렬을 **단위행렬**이라 하고, E로 나타낸다.

예를 들어, 2차, 3차의 단위행렬은 다음과 같다.

$$\begin{pmatrix} 1 & 0 \\ 0 & 1 \end{pmatrix}, \begin{pmatrix} 1 & 0 & 0 \\ 0 & 1 & 0 \\ 0 & 0 & 1 \end{pmatrix}$$

(1) A, E가 같은 꼴의 정사각행렬일 때

$\rightarrow AE = EA = A$

(2) $E^2 = E$, $E^3 = E$, $\cdots$, $E^n = E$

[2] 행렬의 곱셈

➡ $AB \neq BA$이므로

(1) $(AB)^2 = ABAB \neq A^2 B^2$

(2) $(A+B)(A-B) = A^2 - AB + BA - B^2 \neq A^2 - B^2$

(3) $(A \pm B)^2 = A^2 \pm AB \pm BA + B^2 \neq A^2 + 2AB + B^2$

(4) $(A \pm B)^3 \neq A^3 \pm 3A^2 B + 3AB^2 \pm B^3$

[3] 단위행렬의 곱셈

➡ $AE = EA$이므로

(1) $(AE)^2 = A^2 E^2$

(2) $(A+E)(A-E) = A^2 - E^2$

(3) $(A \pm E)^2 = A^2 + 2AE + E^2$

(4) $(A \pm E)^3 = A^3 + 3A^2 E + 3AE^2 \pm E^3$

> **체크** 임의의 2차 정사각행렬 A에 대하여 $AX = XA$가 성립하면
> 2차 정사각행렬 X는 $X = kE$ (k는 실수, E는 단위행렬)이다.

→ E

→ $\begin{cases} \text{대각선 성분 1} \\ \text{나머지 성분 0} \end{cases}$

→ $E = \begin{pmatrix} 1 & 0 & 0 \\ 0 & 1 & 0 \\ 0 & 0 & 1 \end{pmatrix}$ → 3차의 단위행렬

① $AE = EA = A$

② $E^2 = E, \ E^3 = E, \ \cdots\cdots, \ E^n = E$

주의 행렬의 곱셈과 단위행렬의 곱셈

$AB \neq BA \ \rightarrow \ AE = EA$

① $(AB)^2 \neq A^2 B^2 \ \rightarrow \ (AE)^2 = A^2 E^2$

② $(A+B)(A-B) \neq A^2 - B^2 \ \rightarrow \ (A+E)(A-E) = A^2 - E^2$

③ $(A \pm B)^2 \neq A^2 \pm 2AB + B^2 \ \rightarrow \ (A \pm E)^2 = A^2 \pm 2AE + E^2$

④ $(A \pm B)^3 \neq A^3 \pm 3A^2 B + 3AB^2 \pm B^3 \rightarrow (A \pm E)^3 = A^3 \pm 3A^2 E + 3AE^2 \pm E^3$

기|본|예|제 16

A가 정사각행렬일 때, $A^2 - E = (A+E)(A-E)$임을 증명하시오.

탐구 $AE = EA = A, \ E^2 = E$

풀이 (우변) $= (A+E)(A-E)$

$= A^2 - AE + EA - E^2$

$= A^2 - AE + AE - E$

$= A^2 - E =$ (좌변)

정답 풀이참조

유제 16-1 행렬 $A = \begin{pmatrix} 1 & -1 \\ 2 & 1 \end{pmatrix}$에 대하여 $(A-E)(A^2 + A + E)$를 구하시오.

유제 16-2 두 이차정사각행렬 A, B에 대하여 $A + B = 2E$, $AB = E$일 때, $A^2 + B^2 = kE$를 만족하는 실수 k의 값을 구하시오.

2 행렬의 거듭제곱

→ 행렬 A가 정사각행렬이고 m, n이 자연수일 때

[1] $A^1 = A$, $A^2 = AA$, $A^3 = A^2 A$, $\cdots$, $A^m = A^{m-1} A$

[2] $A^m A^n = A^{m+n}$

[3] $(A^m)^n = A^{mn}$

강의 A^n은 A^2, A^3, $\cdots$을 구하여 E or 규칙이 탄생될 때까지 실행한다!

Type 1 A^2, A^3, $\cdots\cdots$ 구한다. → E 탄생

$\to A^3 = E \to A^{100} = (A^3)^{33} \cdot A = A$

Type 2 A^2, A^3, $\cdots\cdots$ 구한다. → 규칙 탄생

규칙 ① $\begin{pmatrix} a & 0 \\ 0 & d \end{pmatrix}^n = \begin{pmatrix} a^n & 0 \\ 0 & d^n \end{pmatrix}$ 규칙 ② $\begin{pmatrix} 0 & b \\ 0 & 0 \end{pmatrix}^n = \begin{pmatrix} 0 & 0 \\ 0 & 0 \end{pmatrix}$ $(n \geq 2)$

규칙 ③ $\begin{pmatrix} 1 & b \\ 0 & 1 \end{pmatrix}^n = \begin{pmatrix} 1 & nb \\ 0 & 1 \end{pmatrix}$ 규칙 ④ $\begin{pmatrix} 1 & 0 \\ a & 1 \end{pmatrix}^n = \begin{pmatrix} 1 & 0 \\ na & 1 \end{pmatrix}$

규칙 ⑤ $\begin{pmatrix} a & b \\ 0 & a \end{pmatrix}^n = \begin{pmatrix} a^n & na^{n-1}b \\ 0 & a^n \end{pmatrix}$

주의 행렬의 거듭제곱

→ A : 정사각행렬, m, n : 자연수

① $A^m = A^{m-1} A$ ② $A^m A^n = A^{m+n}$ ③ $(A^m)^n = A^{mn}$

기 | 본 | 예 | 제 17

행렬 $A = \begin{pmatrix} 2 & -1 \\ 3 & -1 \end{pmatrix}$에 대하여 행렬 A^{99}를 구하시오.

탐구 $E^n = E$

풀이 $A^2 = \begin{pmatrix} 2 & -1 \\ 3 & -1 \end{pmatrix}\begin{pmatrix} 2 & -1 \\ 3 & -1 \end{pmatrix} = \begin{pmatrix} 1 & -1 \\ 3 & -2 \end{pmatrix}$, $A^3 = A^2 A = \begin{pmatrix} -1 & 0 \\ 0 & -1 \end{pmatrix} = -E$

$A^6 = (A^3)^2 = (-E)^2 = E^2 = E$

$\therefore A^{99} = (A^6)^{16} A^3 = E \cdot (-E) = -E^2 = -E = \begin{pmatrix} -1 & 0 \\ 0 & -1 \end{pmatrix}$

✔ 정답 $\begin{pmatrix} -1 & 0 \\ 0 & -1 \end{pmatrix}$

유제 **17-1** 행렬 $A = \begin{pmatrix} -1 & 1 \\ 2 & 1 \end{pmatrix}$에 대하여 행렬 A^{10}을 구하시오.

유제 **17-2** 행렬 $A = \begin{pmatrix} 2 & -3 \\ 1 & -1 \end{pmatrix}$에 대하여 $A^n = E$를 만족시키는 최소의 자연수 n의 값을 구하시오.

기 | 본 | 예 | 제 **18**

행렬 $A = \begin{pmatrix} 1 & 1 \\ 0 & 1 \end{pmatrix}$에 대하여 행렬 A^{25}를 구하시오.

탐구 A^2, A^3, $\cdots$ 등을 구하여 A^n을 추정한다.

풀이 $A^2 = AA = \begin{pmatrix} 1 & 1 \\ 0 & 1 \end{pmatrix}\begin{pmatrix} 1 & 1 \\ 0 & 1 \end{pmatrix} = \begin{pmatrix} 1 & 2 \\ 0 & 1 \end{pmatrix}$

$A^3 = A^2 A = \begin{pmatrix} 1 & 2 \\ 0 & 1 \end{pmatrix}\begin{pmatrix} 1 & 1 \\ 0 & 1 \end{pmatrix} = \begin{pmatrix} 1 & 3 \\ 0 & 1 \end{pmatrix}$

$\vdots$

$A^n = \begin{pmatrix} 1 & n \\ 0 & 1 \end{pmatrix}$

$\therefore A^{25} = \begin{pmatrix} 1 & 25 \\ 0 & 1 \end{pmatrix}$

정답 $\begin{pmatrix} 1 & 25 \\ 0 & 1 \end{pmatrix}$

유제 **18-1** 행렬 $A = \begin{pmatrix} 1 & 2 \\ 0 & 1 \end{pmatrix}$에 대하여 행렬 A^{10}을 구하시오.

유제 **18-2** 행렬 $A = \begin{pmatrix} 1 & 0 \\ -1 & 1 \end{pmatrix}$에 대하여 $A^n = \begin{pmatrix} 1 & 0 \\ -10 & 1 \end{pmatrix}$을 만족하는 자연수 n의 값을 구하시오.

3 케일리-해밀턴의 정리

→ $A = \begin{pmatrix} a & b \\ c & d \end{pmatrix}$ 일 때, $A^2 - (a+d)A + (ad-bc)E = O$

체크 고유방정식

행렬 $A = \begin{pmatrix} a & b \\ c & d \end{pmatrix}$ 에 대하여 $(a-x)(d-x) - bc = 0$, 즉 $x^2 - (a+d)x + (ad-bc) \cdot 1 = 0$

을 행렬 A의 고유방정식이라 하고, 고유방정식에 x 대신에 A, 1 대신에 E, 0 대신에 O를 대입한
것이 바로 케일리-해밀턴의 정리이다.

$$x^2 - (a+d)x + (ad-bc) \cdot 1 = 0$$
$$\updownarrow \qquad\qquad \updownarrow \qquad\qquad \updownarrow \quad \updownarrow$$
$$A^2 - (a+d)A + (ad-bc)E = O$$

강의 Cauley-Hamilton의 정리는 행렬의 고차식을 간단히 하는데 이용한다!

$$A = \begin{pmatrix} a & b \\ c & d \end{pmatrix} \rightarrow A^2 - (a+d)A + (ad-bc)E = O$$

① 2차식 → 미정계수 결정 ② 고차식 → 저차화 → 나머지(답)

기│본│예│제 19

행렬 $A = \begin{pmatrix} 2 & 1 \\ -1 & 0 \end{pmatrix}$ 에 대하여 $A^5 - 2A^4 + 3A^2 - 3A + E$를 구하시오.

탐구 $A = \begin{pmatrix} a & b \\ c & d \end{pmatrix} \rightarrow A^2 - (a+d)A + (ad-bc)E = O$

풀이 $A = \begin{pmatrix} 2 & 1 \\ -1 & 0 \end{pmatrix} \rightarrow A^2 - (2+0)A + (0+1)E = O$ $\therefore A^2 - 2A = -E$

(준식) $= A^3(A^2 - 2A) + 3A^2 - 3A + E = -A^3 + 3A^2 - 3A + E$

$= -A(A^2 - 2A) + A^2 - 3A + E = A + A^2 - 3A + E = A^2 - 2A + E = O$

정답 O

유제 19-1 행렬 $A = \begin{pmatrix} 1 & 4 \\ 2 & 6 \end{pmatrix}$ 에 대하여 $A^2 + kA + lE = O$를 만족하는 실수 k, l의 값을 구하시오. (단, E는 단위행렬, O는 영행렬)

유제 19-2 행렬 $A = \begin{pmatrix} -1 & -3 \\ 1 & a \end{pmatrix}$ 에 대하여 $A^2 - A + E = O$일 때, 실수 a의 값을 구하고, $A^5 - A^4 + A^2 + 3A - E$를 구하시오.

반복학습 기록란.

가장 좋은 학습방법은 학교에서나 학원에서나 선생님의 강의를 열심히 듣고 여러 번 반복학습하는 것입니다.
지금부터 당장 선생님의 강의를 열심히 듣고 반복! 반복하십시오. 그러면 곧 모든 과목에 자신이 생길 것입니다.

회수	시작이 반!			끝을 봐야!			확인
제1회	년	월	일 부터	년	월	일 까지	
제2회	년	월	일 부터	년	월	일 까지	
제3회	년	월	일 부터	년	월	일 까지	
제4회	년	월	일 부터	년	월	일 까지	
제5회	년	월	일 부터	년	월	일 까지	
제6회	년	월	일 부터	년	월	일 까지	
제7회	년	월	일 부터	년	월	일 까지	
제8회	년	월	일 부터	년	월	일 까지	
제9회	년	월	일 부터	년	월	일 까지	
제10회	년	월	일 부터	년	월	일 까지	

▶ 연습문제 A는 앞에서 배운 기초 단계의 문제이므로 선생님의 도움 없이
스스로 풀어 자신의 실력을 점검해 보도록 하자.

01 행렬을 보고 다음을 구하시오.

$$A = \begin{pmatrix} 1 & 2 & 3 \\ a & b & c \end{pmatrix}$$

(1) 행의 개수   (2) 열의 개수   (3) 제2행과 제3열이 교차하는 점의 성분

02 다음 행렬 A, B, C, D의 꼴을 말하시오.

(1) $A = (-1 \quad 3 \quad 5)$ (2) $B = \begin{pmatrix} -5 \\ 7 \end{pmatrix}$

(3) $C = \begin{pmatrix} 1 & 2 \\ 3 & 4 \end{pmatrix}$ (4) $D = \begin{pmatrix} -2 & 10 & 7 \\ 21 & -7 & 1 \end{pmatrix}$

03 2×2 행렬 A의 (i, j)성분 a_{ij}를 $a_{ij} = \begin{cases} 3j & (i \le j) \\ 2i + j & (i > j) \end{cases}$ 로 정의할 때, 행렬 A의 모든 성분의 합을 구하시오.

04 $\begin{pmatrix} 2 & -a \\ 2b & -5 \end{pmatrix} = \begin{pmatrix} 2 & a+4 \\ a-4 & a+b \end{pmatrix}$가 성립할 때, 실수 a, b의 값을 구하시오.

05 다음을 계산하시오.

$$\begin{pmatrix} -4 & 1 \\ 2 & -3 \end{pmatrix} + \begin{pmatrix} -3 & 1 \\ 4 & 1 \end{pmatrix}$$

06 등식 $\begin{pmatrix} 2 & 1 & -3 \\ 3 & 2 & 0 \end{pmatrix} + P = \begin{pmatrix} 1 & 3 & 0 \\ 1 & -1 & 3 \end{pmatrix}$ 을 만족하는 행렬 P를 구하시오.

07 행렬 $A = \begin{pmatrix} 3 & -1 \\ 2 & 5 \end{pmatrix}$ 일 때, $A + X = O$을 만족하는 행렬 X를 구하시오. (단, O는 영행렬)

08 다음 등식을 만족시키는 실수 a, b, c에 대하여 $a+b+c$의 값을 구하시오.

$$2 \begin{pmatrix} a & 1 \\ 2 & -1 \end{pmatrix} - \begin{pmatrix} 3 & b \\ 1 & 2 \end{pmatrix} = \begin{pmatrix} 1 & -1 \\ c & -4 \end{pmatrix}$$

09 두 이차정사각행렬 X, Y에 대하여 $X + Y = \begin{pmatrix} 1 & 2 \\ 2 & -1 \end{pmatrix}$, $X - Y = \begin{pmatrix} 0 & 2 \\ -1 & 3 \end{pmatrix}$ 일 때, 행렬 X, Y를 각각 구하시오.

10 두 행렬 $A = \begin{pmatrix} -1 & 2 \\ 0 & -3 \end{pmatrix}$, $B = \begin{pmatrix} 1 & 4 \\ -3 & 0 \end{pmatrix}$일 때, 다음 등식을 만족하는 행렬 X를 구하시오.

$$A + 3X = B - A$$

11 다음을 각각 계산하시오.

(1) $\begin{pmatrix} 3 & -1 \end{pmatrix}\begin{pmatrix} 2 \\ 1 \end{pmatrix}$　　(2) $\begin{pmatrix} 3 \\ 2 \end{pmatrix}\begin{pmatrix} 1 & 4 \end{pmatrix}$　　(3) $\begin{pmatrix} 3 & 0 \end{pmatrix}\begin{pmatrix} 2 & 1 \\ -1 & 2 \end{pmatrix}$

(4) $\begin{pmatrix} -2 & 2 \\ 4 & 5 \end{pmatrix}\begin{pmatrix} 3 \\ -1 \end{pmatrix}$　　(5) $\begin{pmatrix} 8 & -1 \\ 3 & 5 \end{pmatrix}\begin{pmatrix} 2 & 1 \\ 4 & 3 \end{pmatrix}$

12 두 행렬 A, B가 $A = \begin{pmatrix} 0 & 1 \\ 1 & 0 \end{pmatrix}$, $B = \begin{pmatrix} 1 & 0 \\ 0 & -1 \end{pmatrix}$일 때, 행렬 $(A+B)^2$을 구하시오.

13 행렬 $A = \begin{pmatrix} 1 & 3 \\ 3 & 7 \end{pmatrix}$, $BC = \begin{pmatrix} 5 & 3 \\ 3 & 4 \end{pmatrix}$에 대하여 행렬 $(AB)C$를 구하시오.

14 두 행렬 $A = \begin{pmatrix} 1 & 1 \\ -1 & 0 \end{pmatrix}$, $B = \begin{pmatrix} 2 & x \\ y & 0 \end{pmatrix}$이 $(A-B)^2 = A^2 - 2AB + B^2$을 만족할 때, 실수 x, y에 대하여 $x+y$의 값을 구하시오.

15 행렬 $A = \begin{pmatrix} 1 & 1 \\ -1 & x \end{pmatrix}$일 때, $A^2 = O$이 되도록 하는 실수 x의 값을 구하시오.

16 행렬 $A = \begin{pmatrix} 1 & -1 \\ 2 & 1 \end{pmatrix}$에 대하여 $(A-E)(A^2+A+E)$를 구하시오.

17 행렬 $A = \begin{pmatrix} 2 & -1 \\ 3 & -1 \end{pmatrix}$에 대하여 행렬 A^{99}를 구하시오.

18 행렬 $A = \begin{pmatrix} 1 & 1 \\ 0 & 1 \end{pmatrix}$에 대하여 행렬 A^{25}를 구하시오.

19 행렬 $A = \begin{pmatrix} 1 & 4 \\ 2 & 6 \end{pmatrix}$에 대하여 $A^2 + kA + lE = O$를 만족하는 실수 k, l의 값을 구하시오.
(단, E는 단위행렬, O는 영행렬)

▶ 연습문제 B는 앞에서 배운 문제 중 응용단계의 문제이므로 연습장에 스스로 풀어보고 잘 풀리지 않으면 처음부터 다시 공부한 후 자신이 있을 때 다시 풀어 보도록 하자.

01 행렬 $\begin{pmatrix} 2 & a+1 \\ a & a-2 \end{pmatrix}$에서 제2열의 성분의 곱이 4일 때, 양수 a의 값을 구하시오.

02 다음 중 정사각행렬을 모두 고르시오.

① $\begin{pmatrix} 1 & 2 \\ 3 & 4 \\ 5 & 6 \end{pmatrix}$　　② $\begin{pmatrix} 1 \\ 0 \\ -1 \end{pmatrix}$　　③ $\begin{pmatrix} 1 & 0 & 1 \\ 0 & 1 & 0 \\ 1 & 0 & 1 \end{pmatrix}$

④ $\begin{pmatrix} 2 & 11 \\ -7 & 3 \end{pmatrix}$　　⑤ $\begin{pmatrix} 6 \\ -8 \end{pmatrix}$

03 $(i,\ j)$성분 a_{ij}가 $a_{ij}=(-2)^{i+j}+ki$ (k는 실수)로 주어지는 이차정사각행렬 A의 모든 성분의 합이 22일 때, 상수 k의 값을 구하시오.

04 다음 등식이 성립하도록 하는 실수 x의 값을 구하시오. (단, a, b는 실수)
$$\begin{pmatrix} ax-3b & -1 \\ 2ax+9b & 1 \end{pmatrix}=\begin{pmatrix} -7 & 2a-5b \\ 1 & -a+3b \end{pmatrix}$$

05 다음을 만족하는 실수 a, b, x, y의 값을 구하시오.
$$\begin{pmatrix} x & 5 \\ 3 & a \end{pmatrix}+\begin{pmatrix} y & 2 \\ 1 & b \end{pmatrix}=\begin{pmatrix} -2 & x-2y \\ -4b & -1 \end{pmatrix}$$

06 세 행렬 A, B, C가 $A=\begin{pmatrix} -1 & 0 \\ 2 & 1 \end{pmatrix}$, $B=\begin{pmatrix} 2 & 1 \\ -1 & 3 \end{pmatrix}$, $C=\begin{pmatrix} 3 & -1 \\ 2 & -3 \end{pmatrix}$일 때, $A-B+C$를 구하시오.

07 행렬 $A = \begin{pmatrix} 0 & -2 \\ 3 & 4 \end{pmatrix}$, $B = \begin{pmatrix} 2 & 6 \\ 1 & 8 \end{pmatrix}$일 때, $X + A - B = O$을 만족하는 행렬 X를 구하시오. (단, O는 영행렬)

08 세 행렬 A, B, C가 $A = \begin{pmatrix} -1 & 2 \\ 3 & 1 \end{pmatrix}$, $B = \begin{pmatrix} 1 & 0 \\ -2 & 3 \end{pmatrix}$, $C = \begin{pmatrix} 2 & 4 \\ -1 & 3 \end{pmatrix}$일 때, 행렬 $3A - 2B + C$의 성분 중 최댓값을 구하시오.

09 두 이차정사각행렬 X, Y에 대하여 $A + 3B = \begin{pmatrix} -2 & 9 \\ 3 & 5 \end{pmatrix}$, $2A + B = \begin{pmatrix} 1 & 8 \\ 6 & 5 \end{pmatrix}$일 때, 행렬 $A - B$를 구하시오.

10 두 행렬 $A = \begin{pmatrix} 1 & -8 \\ -6 & 3 \end{pmatrix}$, $B = \begin{pmatrix} 7 & 4 \\ -2 & 1 \end{pmatrix}$일 때, 다음 두 식을 동시에 성립시키는 행렬 X, Y를 각각 구하시오.
$$\begin{cases} X - 2Y = A \\ 2X + Y = B \end{cases}$$

11 두 행렬 $A = \begin{pmatrix} 1 & 3 \\ 3 & -1 \end{pmatrix}$, $B = \begin{pmatrix} 2 & 1 \\ -1 & 0 \end{pmatrix}$에 대하여 행렬 $(A + B)(A - B)$의 모든 성분의 합을 구하시오.

12 두 행렬 $A = \begin{pmatrix} 2 & -1 \\ 1 & 2 \end{pmatrix}$, $B = \begin{pmatrix} 0 & 3 \\ -2 & 1 \end{pmatrix}$에 대하여 다음을 구하시오.

(1) $A(A + 2B)$　　　　　　　　　　　(2) $AB + BA$

13 행렬 $A = \begin{pmatrix} 0 & 2 \\ -1 & 3 \end{pmatrix}$, $B + C = \begin{pmatrix} 3 & 2 \\ -2 & 1 \end{pmatrix}$에 대하여 행렬 $AB + AC$를 구하시오.

14 두 행렬 $A = \begin{pmatrix} x & -1 \\ 1 & 1 \end{pmatrix}$, $B = \begin{pmatrix} x & 1 \\ y & 1 \end{pmatrix}$이 $(A+B)^2 = A^2 + 2AB + B^2$을 만족할 때, 실수 x, y에 대하여 $x-y$의 값을 구하시오.

15 임의의 2차 정사각행렬 A, X가 $X^2 - AX - XA + A^2 = O$을 만족할 때, 다음 〈보기〉 중 옳은 것을 모두 고르시오. (단, O는 영행렬)

———〈보기〉———
Ⅰ. $X^2 - 2AX + A^2 = O$ Ⅱ. $(X-A)^2 = O$ Ⅲ. $X = A$

16 두 이차정사각행렬 A, B에 대하여 $A + B = 2E$, $AB = E$일 때, $A^2 + B^2 = kE$를 만족하는 실수 k의 값을 구하시오.

17 행렬 $A = \begin{pmatrix} 2 & -3 \\ 1 & -1 \end{pmatrix}$에 대하여 $A^n = E$를 만족시키는 최소의 자연수 n의 값을 구하시오.

18 행렬 $A = \begin{pmatrix} 1 & 0 \\ -1 & 1 \end{pmatrix}$에 대하여 $A^n = \begin{pmatrix} 1 & 0 \\ -10 & 1 \end{pmatrix}$을 만족하는 자연수 n의 값을 구하시오.

19 행렬 $A = \begin{pmatrix} 2 & 1 \\ -1 & 0 \end{pmatrix}$에 대하여 $A^5 - 2A^4 + 3A^2 - 3A + E$를 구하시오.